建筑工人岗位培训教材

防 水 工

本书编审委员会 编写

达 兰 主编

中国建筑工业出版社

图书在版编目(CIP)数据

防水工/《防水工》编审委员会编写. —北京：中国建筑
工业出版社，2018.8（2024.12重印）
建筑工人岗位培训教材
ISBN 978-7-112-22387-9

Ⅰ.①防… Ⅱ.①防… Ⅲ.①建筑防水-工程施工-技术
培训-教材　Ⅳ.①TU761.1

中国版本图书馆 CIP 数据核字(2018)第 137676 号

　　本书根据国家颁布的《建筑工程施工职业技能标准》进行编写。按照
"防水工"工种职业技能标准要求，结合在建筑工程中的实际应用，对防
水工基础知识、防水材料、防水施工机具、施工工艺、质量要求、安全操
作技术等做了具体、详细的阐述。同时结合防水工程作业管理中的防水工
班组管理、防水工程质量验收两方面，丰富班组管理与质量管理等方面知
识。可作为防水工职业技能鉴定培训教材，也是广大防水工程技术人员了
解防水施工的理想读物。

　　责任编辑：高延伟　李　明　李　杰　赵云波
　　责任校对：焦　乐

建筑工人岗位培训教材
防 水 工
本书编审委员会　编写
达　兰　主编
*
中国建筑工业出版社出版、发行（北京海淀三里河路 9 号）
各地新华书店、建筑书店经销
北京红光制版公司制版
建工社（河北）印刷有限公司印刷
*
开本：850×1168毫米　1/32　印张：7¼　字数：192 千字
2018 年 9 月第一版　2024 年 12 月第六次印刷
定价：**22.00** 元
ISBN 978-7-112-22387-9
（32264）

建筑工人岗位培训教材
编审委员会

主　任：沈元勤

副主任：高延伟

委　员：(按姓氏笔画为序)

王云昌　　王文琪　　王东升　　王宇旻　　王继承

史　方　　仝茂祥　　达　兰　　危道军　　刘　忠

刘长龙　　刘国良　　刘晓东　　江东波　　杜　军

杜绍堂　　李　志　　李学文　　李建武　　李建新

李斌汉　　杨　帆　　杨　博　　杨　雄　　吴　军

宋喜玲　　张永光　　陈泽攀　　周　鸿　　周啟永

郝华文　　胡本国　　胡先林　　钟汉华　　宫毓敏

高　峰　　郭　星　　郭卫平　　彭　梅　　蒋　卫

路　凯

出 版 说 明

国家历来高度重视产业工人队伍建设，特别是党的十八大以来，为了适应产业结构转型升级，大力弘扬劳模精神和工匠精神，根据劳动者不同就业阶段特点，不断加强职业素质培养工作。为贯彻落实国务院印发的《关于推行终身职业技能培训制度的意见》（国发〔2018〕11号），住房和城乡建设部《关于加强建筑工人职业培训工作的指导意见》（建人〔2015〕43号），住房和城乡建设部颁发的《建筑工程施工职业技能标准》、《建筑工程安装职业技能标准》、《建筑装饰装修职业技能标准》等一系列职业技能标准，以规范、促进工人职业技能培训工作。本书编审委员会以《职业技能标准》为依据，组织全国相关专家编写了《建筑工人岗位培训教材》系列教材。

依据《职业技能标准》要求，职业技能等级由高到低分为：五级、四级、三级、二级、一级，分别对应初级工、中级工、高级工、技师、高级技师。本套教材内容覆盖了五级、四级、三级（初级、中级、高级）工人应掌握的知识和技能。二级、一级（技师、高级技师）工人培训可参考使用。

本系列教材内容以够用为度，贴近工程实践，重点突出了对操作技能的训练，力求做到文字通俗易懂、图文并茂。本套教材可供建筑工人开展职业技能培训使用，也可供相关职业院校实践教学使用。

为不断提高本套教材的编写质量，我们期待广大读者在使用后提出宝贵意见和建议，以便我们不断改进。

本书编审委员会

2018 年 6 月

前　　言

　　建筑防水是建筑工程的一个分项工程，是建筑物重要的使用功能。建筑渗漏已成为除建筑结构之外影响建筑质量的第二大问题，是老百姓反映强烈的焦点所在，也是当前建筑工程质量投诉的焦点。建筑防水不但关系到老百姓的安居乐业，更关系到建筑安全、环境保护和建筑节能。

　　建筑防水材料从传统的油毡、油膏发展到改性沥青防水卷材、自粘聚合物改性沥青防水卷材、聚氯乙烯防水卷材、热塑性聚烯烃防水卷材、三元乙丙橡胶防水卷材、聚氨酯防水涂料、聚合物水泥防水涂料、喷涂聚脲防水涂料、喷涂速凝橡胶沥青防水涂料、硅酮密封胶、聚氨酯密封胶、聚硫密封胶、丙烯酸密封胶、环氧树脂灌浆材料、聚氨酯灌浆材料、丙烯酸盐灌浆材料、水泥基灌浆材料、聚合物防水砂浆、水泥基渗透结晶型防水材料等新型防水卷材、防水涂料、灌浆材料、刚性防水材料等防水材料产品种类。

　　建筑防水为不断适应国家建设事业的需要，其应用领域已从以传统的房屋建筑防水为主，向高速铁路、高速公路、桥梁、城市轨道交通、城市高架道路、种植绿化、地下空间、环保设施、水利设施和机场码头等工程防水领域延伸和拓展，建筑防水已成为各类建设工程不可或缺的一项重要技术。

　　建筑防水是个系统工程，涉及材料、设计、施工、维护等方面，其中施工又是对防水质量影响最重要的方面。建筑防水是一项由人去实施的工程，无论是在防水设计、材料采购、防水施工环节，还是与防水工程有关的设计院、开发商、材料供应商、施工单位等，都与人有关。

防水技术工人的技能水平是建筑防水施工质量的保障基础和主体，不断提高施工技术工人的技能水平是防水工程发展和国民经济建设的需要。职业技能鉴定是指按照国家规定的职业技能标准，通过政府授权的考核鉴定机构，对劳动者的专业知识和节能水平进行客观公正、科学规范的评价与认证的活动。

本书根据国家颁布的《建筑工程施工职业技能标准》JGJ/T 314—2016进行编写。按照"防水工"工种职业技能标准要求，结合在建筑工程中的实际应用，对防水工基础知识、防水材料、防水施工机具、施工工艺、质量要求、安全操作技术等做了具体、详细的阐述。同时结合防水工程作业管理中的防水工班组管理、防水工程质量验收两方面，丰富班组管理与质量管理等方面知识。可作为防水工职业技能鉴定培训教材，也是广大防水工程技术人员了解防水施工的理想读物。

本书简明扼要、图文并茂、通俗易懂，对于加强建筑工人培训工作，全面提升建筑工人操作技能水平，更对保证建筑工程施工质量，促进建筑安装工程施工新技术、新工艺、新材料的推广与应用都有很好的推动作用，也可作为建筑工程现场施工人员的技术指导用书。

本书编委由技术培训专家、高校资深专业教师、企业技术骨干等当面一线专业人员组成。主编：达兰，副主编：杜智华、朱立军、张奇；编委其他成员：闵俊俊、雷鸣、熊信福、龚良勇、邓燕华、徐升才。

由于防水工程材料和施工工艺今年发展较快，全国各地做法也不尽统一，加之编者水平有限，本书难免有疏漏之处，恳请广大读者批评指正，以便本丛书再版时修订。

编者
2018 年 4 月

目　　录

一、班　组　管　理

（一）班组管理概述

建筑施工企业是从事建筑产品生产、经营和独立核算的经济组织，是建筑业的基本构成单位。生产班组是施工企业最基本的生产单位，是企业各项工作的落脚点，是工程项目的核心生产力量。随着建筑市场日益规范管理，提高班组管理水平，不仅能为社会提供更多更好的建筑产品，也为国家和企业创造经济效益。因此加强班组建设是建筑企业、工程项目的重要基础工作，特别是在企业深化改革和行业激烈竞争的今天，做好班组管理工作尤为重要。

1. 班组管理的任务和内容

1）班组的中心任务

生产班组要以搞好生产、提高经济效益为中心，全面完成企业下达的生产任务及各项经济技术指标，为促进班组"两个文明"建设，办好具有中国特色社会主义企业做出贡献。

2）班组管理的基本内容

① 根据企业的方针目标和工程队（项目组）下达的施工计划，有效地组织生产活动，保证全面均衡地完成下达的任务。

② 坚持执行和不断完善以提高工程质量，降低各种消耗为重点的多种形式的经济责任制，抓好安全和文明施工，积极推行现代管理方法和制度，不断提高班组管理水平。

③ 广泛开展技术革新、技术比武、岗位练兵和合理化建议活动，努力培养技术能手。

④ 组织劳动竞赛，创建文明班组活动，不断激发班组成员

的工作积极性。

⑤搞好班组的施工管理、安全生产管理、全面质量管理、材料管理、机具设备管理、劳动管理和班组经济核算工作。

⑥加强思想政治工作。组织职工参加政治、文化、业务学习，开展思想政治工作，开展有益于身心健康的文体活动，丰富职工业余生活，陶冶职工情操。关心职工生活，及时解决职工的实际困难。

2. 班组管理的基础工作

班组管理的基础工作主要内容有以下几点：

1）为了充分发挥班组在生产中的作用，在班组设置班组长、工会组长和班组八大员，负责班组管理工作，做好基础工作。文明施工，创建文明班组。

2）生产班组的考核指标，主要是劳动力和材料（工具）的消耗。

3）班组的台账一般有：材料收、用，机具使用、出勤、定额执行、工资（奖金）分配，质量、安全生产和班组核算等。弄清台账的内容要求，并组织专人负责，搞好班组的台账管理。

4）规章制度的管理。加强班组管理，必须建立以岗位责任制为中心的各项管理制度，它是企业各项规章制度的有机组成部分，班组工人分布在不同的操作岗位上，只有建立一套严格的规章制度，明确自己的任务和责任，才能保证施工生产的正常进行。

班组规章制度一般有卫生值日制、班组工作制、奖金分配制、安全生产责任制（使用三宝）、质量负责制（三检制）、考勤制、定额考核制、学习培训制等。其随着形势和任务的变化而变化。

（二）班组的施工管理

班组的施工管理有计划管理和班组文明施工两个内容。

1. 班组的计划管理

（1）班组施工管理的原则

企业的任务经过层层分解，最后落实到班组。班组计划的完成，才能保证企业计划的实现，因此，必须搞好班组的计划管理，班组计划管理的原则有以下几点：

1）严格执行计划，维护计划的严肃性。班组计划是企业计划的组成部分，必须严格执行，千方百计去完成。决不允许有讲条件、讲困难、只顾眼前利益的错误做法，要讲风格、讲奉献。

2）在编制和安排作业计划时，要保重点、保形象、保工期项目。要正确处理好局部和全局的关系，只要对全局有利，哪怕牺牲局部利益，也要积极完成计划。

3）要牢固树立上一道工序为下一道工序服务的观点。企业的工程任务是要由多工种去完成。一个班组在完成本工序任务的同时，必须要为下一道工序施工创造条件，保证企业均衡生产，全面完成任务。

（2）班组计划管理的内容

1）根据任务，测算班组的生产能力，编制好班组作业计划，动员和组织班组做好各项准备工作，确保日、旬、月、年计划的完成。

2）对班组成员的计划，逐个逐项落实，做到一日一检查，一旬一小结，一月一总结，发现问题要及时解决。

3）要及时平衡、调配，对已经变化的计划，更需及时地调整补充，确保计划的完成。

（3）班组计划的编制

1）测算法。测算出班组生产能力，使班组作业计划建立在可靠而又有余的基础上，可用班组生产作业天数内的总产量＝劳动定额×班组人数×工作天数×班组平均达到的劳动定额程度系数的方法来计算。

2）平衡分析法。确定合理的劳动力组织去完成任务

3）派工法。使派出的小组保质保量地完成任务。

4）定期计划。按规定工期，有计划地派人去完成。

5）网络计划法。这是一种现代化管理方法，是把整个施工过程中的各有关工作组成一个有机的整体，因而能全面明确地反映出各工序之间的相互制约和相互依赖关系，使其成为整个施工组织与管理工作的中心。

（4）班组作业计划的实施与检查

1）做好施工前的准备工作，主要有技术交底（技术要求、轴线、标高、材质、施工方法、质量要求等）、物质准备（原材料、半成品、成品、工具、设备等）、现场准备（七通一平）和任务分工。

2）做好作业计划中的控制，主要对控制点进度及时检查，发现问题，及时调整力量。

（5）班组施工生产统计与计划调整

班组的施工生产统计就是将班组每天所完成产品的数量、品种按要求填表上报，便于上级及时掌握班组的生产情况，组织均衡生产。

2. 班组的文明施工管理

文明施工是班组管理工作的重要内容之一。搞好文明施工，不但可以创造良好的生产环境，而且对保证施工质量，降低工程成本及安全生产都起着重要作用。

班组文明施工的主要内容有以下几点：

（1）严格执行各项规章制度。企业里的各项规章制度是文明施工的准则，也是每个职工的行为规范。其中，岗位责任制是企业管理中一项最重要、最基本的制度，班组必须认真贯彻执行，做到责任到队、挂牌施工、奖罚分明。

（2）搞好场容场貌建设。做到现场材料堆放整齐，限额领料，工完场清。布置合理道路，排水畅通，水电设施安全可靠，施工工具用完洗净，摆放规整，机械设备运转正常，保养清洁。

（3）深入开展班组劳动竞赛。在各级竞赛领导小组的统一部署下，公司组织有关职能部门参加劳动竞赛评比活动。

（4）搞好各种形式的思想教育、宣传、鼓动工作，组织技术比武，调动工人积极性，牢固树立主人翁责任感，爱企业、热爱本职工作，做一个"有理想、有道德、有文化、有纪律"的新型劳动者，为国家做出更大的贡献。

（5）搞好公共场所、职工宿舍的环境卫生及个人卫生，遵守社会公德，共同建设职工文明之家。

（6）操作认真，一丝不苟。做到精心施工，始终贯彻本道工序的事情必须由本道工序做完，不给下道工序留下隐患。认真执行"三检"，做到文明交工，质量优良，资料齐全，内容真实。

（三）班组的材料管理

材料是物质的一部分，是施工企业在施工生产过程中的劳动对象。材料用来施工成为工程的实体，或被劳动手段所消耗，或辅助施工生产的进行。在建筑施工中材料占投资的比重很大，防水施工又是保证使用功能的关键。因此，做好材料管理工作，是减少消耗，提高经济效益的一项具体措施，也是班组管理工作中极为重要的一环。

1. 材料分类

按防水施工材料种类的不同，分为主要材料和次要材料两种。主要材料有各类防水卷材、防水涂料、密封材料、衬垫材料、隔离条等。次要材料有水泥、砂子等。

2. 材料管理

材料管理是施工企业管理的重要组成部分。班组的材料管理主要要做好材料计划验收、使用、保管、统计和核算等工作。

班组要根据工程任务中的材料消耗定额来核算材料需用量。材料消耗定额按建筑安装工程的分类，班组主要执行的是施工定额（依据实物工程量进行的工程设计预算，按单位分部、分项工程来计算和确定所需材料的数量）。它是材料分配和限额供料，考核班组工料消耗的依据。

（1）材料的领用

班组要认真贯彻执行限额领料制度，应健全领料、发料台账，并应按月考核定额指标执行情况。

（2）材料的验收

材料的验收是指入厂入库前的材料，按照规定的程序和手续，严格进行检查和验收。其主要工作有以下几点：

1）核对入厂材料凭证。包括材料拨领单、质量检验合格证、化学成分分析等。

2）对材料数量、品种、规格等进行检验。对按质量供应的材料，应过磅检斤；对按数量供应的材料，应计点件数或用求积折算法进行验收；对按理论计算的材料，则应进行检尺计量后再换算成质量或体积等。

3）对凭证不齐的材料，应作为待验材料处理，待凭证到齐后进行验收使用。

4）规格质量不符合要求的材料，不准使用。

5）对数量不符的材料，做好记录，保持原状，暂不能动用。

（3）材料的保管

材料验收入厂后，应根据各种材料的物理性能、化学成分、体积大小和包装等不同情况，分别妥善保管，由专人负责，做到材料不短缺、不损坏、不变质、不混放，堆放合理，使用方便，并建立台账。

（4）材料的退库

退料是班组保证工程成本真实性、合理使用和节约的一项重要措施，因此，在施工生产任务完成后，要把剩余或节约的材料及时办理退料手续。

（5）材料的经济核算

在材料管理工作中，占用和消耗的劳动量与取得的有用成果之间的比较，称为材料的经济效益。

1）材料的经济核算就是对材料的经济效益进行评价，换句话说，就是投入与产出、费用与效用的比较。

对班组材料经济效益的评价公式是：经济效益＝劳动效果－劳动消耗量＞0

2）目前对班组材料技术经济指标一般只考核材料消耗定额完成率，其计算公式

材料消耗定额完成率＝单位产品材料消耗定额÷单位产品材料消耗定额×100％

材料消耗定额完成率小于100％时，表明班组材料消耗节约；反之班组在材料消耗上有浪费，应查找原因，制定措施，落实责任，限期改正。

3）要做好班组材料的经济核算工作，必须努力做到以下几方面的工作：

① 有适应材料供应管理工作特点的核算组织（员）。

② 有明确的核算指标。

③ 有准确的核算记录。

④ 有定期公布、检查、分析、评比制度。

（四）班组的安全管理

安全管理就是采用立法和技术组织措施，保护劳动者在劳动过程中的安全健康和劳动能力，是施工（生产）全过程的管理。

1. 党的安全方针

要牢固树立"安全第一，预防为主"的思想，贯彻"生产必须安全，安全促进生产"的方针。

2. 组织安全生产管理的主要内容

班组是企业从事生产活动的最基层组织，是班组安全工作的基础。只有搞好班组安全生产，整个企业的安全生产才有保证。

3. 班组的施工（生产）安全责任制

（1）认真执行企业（处、队、车间）的各项安全生产的规章制度、规定。

（2）自觉遵守生产纪律，严格按照本工种安全技术操作规程

作业，接受安全教育牢固树立"安全第一"的思想，不断增强安全意识和自我防护能力。

（3）经常开展班组工作范围内的安全检查，发现隐患，积极处理，本班组解决不了的，要立即报告领导解决。

（4）积极参加班组的安全值日和安全交底活动，参加班前安全交底会，同时做好交底记录。

（5）认真执行安全技术措施，确保作业区的安全生产。

（6）人人正确使用、爱护劳动防护用品、安全设施和施工机具，随时消除危险隐患。

（7）积极参加伤亡事故的调查处理。发生事故坚决按照"四不放过"的原则处理，并积极组织抢救。

（8）积极参加各项安全活动，虚心接受安全操作方法的检查，坚决做到不违章作业，抵制违章指挥。以身作则，遵章守纪，确保安全生产。

（五）班组的施工技术与质量管理

班组的施工技术管理是指在施工（生产）中技术工作的组织和管理。施工质量管理则是技术管理的深化和落实。这两项管理在施工中起着重要的作用，不可忽视。

1. 施工技术管理

（1）技术管理责任制

这是班组长和质量技术员在施工生产过程中负责技术的制度。由于技术管理不当而造成的工期、质量、安全问题，班组长和质量技术员应负责。

（2）**认真执行技术规程和技术标准**

在贯彻执行时应注意做好以下工作：

1）组织班组全体成员认真学习各种技术规程和技术标准，帮助其掌握内容与要求；

2）加强技术监督，检查技术纪律，建立和健全岗位责任制。

对施工的每道工序及其所使用的原材料、半成品，必须按照统一的规程和标准进行严格监督和检查，如有不符，应立即停止使用。

（3）制定班组技术措施

班组的技术措施应包括以下内容：

1）加快施工进度方面的技术措施。

2）保证和提高工程质量的技术措施。

3）保证施工安全的技术措施。

4）改进施工工艺和技术操作，提高劳动生产率的措施。

5）节约原材料，综合利用废料、旧料的措施。

6）提倡小改小革、合理化建议，提高机械化施工，减轻繁重的体力劳动的措施等。

（4）加强技术复核与技术监督工作

在施工过程中，如发现设计图样有差错，施工条件发生变化或因采用新技术、新材料等需要改变原设计时，必须进行技术复核工作，避免发生重大事故，影响工程质量。此外，还要加强质量监督工作。应在施工过程中监督检查，在正式验收前，要再进行检查，发现问题及时补救。对进场的材料，应进行材料试验及检验。

2. 质量管理

班组质量管理工作是企业最基础的产品质量管理。为了搞好质量管理工作，要求明确班组质量管理责任制；掌握质量检验的方法和标准；加强班组工中的质量管理工作；做好成品保护工作；妥善、及时处理好质量事故；建立 QC 小组进行全面质量管理。

（1）班组质量管理责任制

为保证工程质量，一定要明确规定每个工人的质量管理责任，建立严格的管理制度，使质量管理的任务要求、办法具有可靠的组织保证。

（2）掌握质量检验的方法和标准

质量检验是保证和提高工程质量的重要环节，要坚持专业检查和群众检查相结合的方法，加强施工过程中的质量检查，发现问题及时解决，做到预防为主。

1）质量检查的形式有自检、互检、交接检。

2）检查方法因防水施工的部位、材质、方法的不同而有所差异。

3）有设计图样、施工说明书，有关材料的检验或试验报告、蓄淋水试验报告单齐全。

（3）加强班组施工中的质量管理工作

施工过程中的质量管理是企业和班组质量管理的主要环节，必须做好以下工作：

1）做好班组的技术交底工作。工长向班组长进行交底后，班组长再向班组成员进行交底，反复研究、讨论，制定执行措施。

2）做好施工工艺管理工作。在工艺卡中分别制定各部位、各种材料的施工操作工艺，并附有关键部位的技术措施。施工过程中必须严格地按施工工艺卡操作。

3）在分项工程的施工中，要掌握好工程质量的动态，观察及分析工程的合格率和优良率，发现问题及时采取措施加以解决，并向质量好的班组学习。

（4）做好成品保护工作

成品保护是指在施工过程中，对已完成的分项工程或者分项工程中已完成的部位加以保护。做好成品保护工作可以减少维修费用，降低成本，保证工期和工程质量。

（5）妥善、及时处理好质量事故

工程质量不符合质量标准的规定、达不到设计要求的均称为工程质量事故。包括由于设计错误、材料设备不合格、施工方法错误、指挥不当，漏检、误检及因偷工减料等原因所造成的各种质量事故。

对一般或重大未遂事故，班组要及时认真地自行处理，并进行统计、记录，分析原因、总结教训，加强质量教育，采取有效措施。对于重大质量事故，要写出详细的事故专题报告上报。一定要查明原因，做到"四不放过"（即事故原因不查清不放过，事故责任人未受到处理不放过，事故责任者和群众没有受到教育不放过，没有制定防范措施不放过）。对于工作失职或违反操作规程造成质量事故的直接责任者，要根据情节，给予纪律处分，赔偿经济损失，直至受到法律制裁。

（6）建立 QC 小组，进行全面质量管理

全面质量管理是 20 世纪 60 年代发展起来的一门新的科学管理技术，简称 TQC。T 为全面，Q 为质量，C 为小组。在施工班组，应建立质量小组，即 QC 小组。

1）建立 QC 小组重点要抓好以下三项工作：

① 组建小组。要从实际出发，结合本工种的特点建立。

② 人员组成。采取自愿结合的形式，要求组员有较高的质量意识、技术水平和事业心，努力学习，勇于探索，并选一名组长。

③ 注册登记。小组建立后，即向上级质量管理部门注册登记，以便上级掌握 QC 小组的情况，作为上级召开会议、组织活动和向主管部门推荐成果的依据。

2）QC 小组进行全面质量管理的活动内容主要有以下几点：

① 开展业务学习，定期学习全面质量管理知识和基本方法。

② 开展日常的质量管理活动，如运用科学管理手段在小组内定期进行质量分析，组织自检、互检活动，开展质量攻关、技术革新，实施合理化建议等。

③ 练好基本功，提高专业技术水平。

④ 发现存在的质量问题，积极研究解决对策，制定措施及实施计划。

⑤ 坚持用数据说话，做好日常技术项目测定和图表及原始资料的管理。

⑥ 对班组的工程质量进行检查评定。

⑦ 组织文明生产，严格贯彻执行工艺操作规程，严肃工艺纪律，注意安全生产，消除生产过程中的各种隐患。

⑧ 提出小组活动经验报告，并负责交流经验，参加上一级组织的各种成果（质量、科研、双革等）的经验交流会。

二、常用建筑防水材料

（一）防水材料分类

建筑防水技术在房屋建筑中发挥功能保障作用。房屋建筑的某些部位能否保证免受各种水的侵入而不渗漏，直接关系到房屋的使用功能、生活质量和人居环境。防水效果的好坏和防水材料的品种选用、质量息息相关。目前市场防水材料的品种数量繁多，性能各异，主要包括防水卷材、防水涂料、防水密封材料、刚性防水材料、堵防水材料以及瓦类防水材料等。

1. 常用防水材料分类

常见防水材料分类见表 2-1。

常见防水材料分类 表 2-1

材料使用状态分类	按材料组成分类	常见产品
防水卷材（片材）	沥青类防水卷材	淘汰使用
	高聚合物改性沥青防水卷材（SBS 改性、APP 改性）	聚酯毡胎体
		聚乙烯胎体
		玻纤毡胎体
	自粘型卷材	自粘聚合物改性沥青防水卷材（有胎、无胎）
	合成高分子类防水卷材（合成橡胶或合成树脂）	硫化橡胶类：如三元乙丙防水卷材
		非硫化橡胶类：如 CPE 防水卷材、CPE－橡胶共混防水卷材
		树脂类：如 EVA 卷材、HDPE 卷材
		纤维增加类：如 603 卷材
	防水瓦	如油毡瓦（沥青瓦）、轻钢瓦等

材料使用状态分类	按材料组成分类		常见产品
防水涂料	沥青类防水涂料		乳化沥青防水涂料 膨润土沥青防水涂料
	高聚物改性沥青类防水涂料		氯丁橡胶改性沥青防水涂料、水乳再生胶改性沥青防水涂料、PVC改性沥青防水涂料、SBS改性沥青防水涂料
	合成高分子或有机类防水涂料		反应固化型、如：非焦油聚氨酯防水涂料
			挥发固化型、如：合成树脂乳液防水涂料、有机硅防水涂料（硅橡胶）
			聚合物水泥防水涂料，如JS涂料
	无机防水涂料		水泥基防水涂料，如益胶泥等
			水泥基渗透结晶型
密封材料	不定型密封材料	沥青嵌封胶 合成高分子密封材料	改性沥青油膏、聚氯乙烯 建筑防水接缝材料 硅硐密封膏、聚氨酯密封膏、丙烯酸酯密封膏、氯丁橡胶密封膏
	定型密封材料	合成高分子密封膏	塑料止水带、密封垫、密封圈
		无机快速堵漏材料	快干水泥（堵漏灵）
	堵漏灌浆	高分子灌浆堵漏材料	聚氨酯灌浆液、丙烯酸盐灌浆材料、环氧树脂灌浆材料
刚性防水材料	无机类		硅酸钠类防水剂、氯化物金属盐类防水剂、无机铝盐类防水剂、混凝土密封剂、防裂型混凝土防水剂（膨胀剂）
	有机类		有机硅类防水剂（甲基硅醇钠）

2. 防水材料适用范围

防水卷材一般用于地下室基础防水、屋面防水。防水涂料一般用于厨房、卫生间楼地面的防水。用于地下室、屋面防水时应配合防水卷材使用。密封材料一般用于接缝，或配合卷材防水层做收头处理。刚性防水材料一般用于蓄水种植屋面、水池内外防水、外墙面的防水和动静水压作用较大的混凝土地下室。

3. 防水材料性能特点

防水卷材具有优良的耐老化、耐穿刺、耐腐蚀性能。可以直接接触紫外线辐射，耐高温、低温性能良好，广泛用于屋面防水；又能耐各种酸碱的腐蚀，并具有优良的抗拉、抗震性能，所以广泛用于地下室基础防水。另外因其抗撕抗拉能力强，各种上人屋面一般优先采用。

防水涂料不耐老化，抗拉抗撕强度都无法和防水卷材相比，但由于防水涂料在施工固化前为无定形液体，对于任何形状复杂、管道纵横和变截面的基层均易于施工，特别是阴、阳角、管道根、水落口及防水层收头部位易于处理，可形成一层具有柔韧性、无接缝的整体涂膜防水层。广泛应用于厨房、卫生间以及立墙面的防水。

密封材料一般不大面积使用，利用其便于嵌缝处理的优点，配合防水卷材和涂料做节点部位的处理。

刚性防水材料一般配合柔性防水材料使用，达到刚柔相济的效果，实现优势互补。刚柔并用的做法在建筑防水工程中也占有较大的比重。

（二）防 水 卷 材

1. 改性沥青防水卷材

高聚合物改性沥青防水卷材是以合成高分子聚合物改性沥青为涂盖层，纤维织物或纤维毡为胎体，粉状、粒状、片状或薄膜材料为覆面材料制成可卷曲的片状材料。一般可以分为弹性体改性沥青防水卷材（SBS）、塑性体改性沥青防水卷材（APP）、高聚物改性沥青聚乙烯胎防水卷材，自粘聚合物改性沥青防水卷材等。卷材的命名一般按产品名称、厚度、等级和标准编号顺序进行标记。

材料检验批按批次数量级进行按以下规格随机抽选：大于1000卷抽5卷；每500～1000卷抽4卷；100～499卷抽3卷；100卷以下抽2卷。材料检验对所选批次规格尺寸和外观质量进行检验。在外观质量检验合格的卷材中，任取一卷作物理性能检验。

（1）弹性体改性沥青防水卷材（SBS防水卷材）

SBS改性沥青防水卷材是以热塑性弹性体为改性剂，执行《弹性体改性沥青防水卷材》GB 18242 - 2008国家标准、将石油沥青改性后作浸渍涂盖材料，以玻纤毡或聚酯毡等增强材料为胎体，以塑料薄膜、矿物粒、片料等作为防粘隔离层，经过选材、配料、共熔、浸渍、复合成型、卷曲、检验、分卷、包装等工序加工而制成的一种柔性中、高档的可卷曲的片状防水材料，属弹性体沥青防水卷材中有代表性的品种。如图2-1所示。

图 2-1 SBS改性沥青防水卷材

1）性能特点及其适用范围

低温柔性好，适用于工业与民用建筑的屋面及地下防水工程。

聚酯毡胎产品抗拉、抗压、抗撕裂性能好，耐穿刺、耐腐蚀性能好。施工方便、简单、易操作，无污染，使用寿命长。

彩色板岩覆面卷材可装饰屋面，美化环境。

弹性体改性沥青卷材可以分为Ⅰ型和Ⅱ型。

胎基：聚酯毡（PY）、玻纤毡（G）、玻纤增强聚酯毡（PYG）

上表面：乙烯膜（PE）、细砂（S）、矿物粒料（M）

下表面：乙烯膜（PE）、细砂（S）

2）外观及检测

卷材公称宽度 1000mm，聚酯毡卷材公称厚度为 3mm、4mm、5mm，玻纤毡 3mm、4mm，玻纤增强聚酯毡厚度为 5mm。每卷卷材公称面积为 7.5m²、10m²、15m²。

卷材外包装上应包括：产品名称；生产厂名、厂址；商标；产品标记；生产日期或批号；检验合格标识；生产许可证号及其标志；运输与贮存注意事项。

外观检测要求：成卷卷材应卷紧卷齐，端面里进外出不大于 10mm。成卷卷材在（4～60）℃任一产品温度下展开，在距卷芯 1000mm 长度外不应有 10mm 以上的裂纹或黏结。胎基应浸透，不应有未被浸渍处。卷材表面应平整，不允许有孔洞、缺边和裂口、疙瘩，矿物粒料粒度应均匀一致并紧密地黏附于卷材表面。每卷卷材接头处不应超过一个，较短的一段长度不应少于 1000mm，接头应剪切整齐，并加长 150mm。

3）贮存运输

① 避免日晒雨淋，干燥通风环境下贮存。储存温度不得低于相应规格产品柔度试验温度，不应高于 50℃。立式存放，高度不超过两层；

② 运输时必须立放，高度不超过两层，要防止倾斜或横压，必要时加盖苫布。

③ 正常贮存和运输条件下，贮存期自生产之日起为一年。

④ 运输及储存过程应远离火源。

（2）塑性体改性沥青防水卷材（APP 防水卷材）

APP 改性沥青防水卷材属塑性体沥青防水卷材，执行《塑性体改性沥青防水卷材》GB 18243—2008 国家标准，以纤维毡或纤维物为胎体，浸涂 APP（无规聚丙烯）改性沥青，上表面撒布矿物粒、片料或覆盖聚乙烯膜，下表面撒布细砂或者覆盖聚乙烯膜，经过一定的生产工艺而加工制成的一种中、高档改性沥青可卷曲片状防水材料。如图 2-2 所示。

图 2-2　APP 改性沥青防水卷材

1）性能特点

分子结构稳定、老化期长、具有良好的耐热性，拉伸强度高、伸长率大、施工简便、无污染。

胎基：聚酯毡（PY）、玻纤毡（G）、玻纤增强聚酯毡（PYG）

上表面：乙烯膜（PE）、细砂（S）、矿物粒料（M）

下表面：乙烯膜（PE）、细砂（S）

卷材公称宽度 1000mm，聚酯毡卷材公称厚度为 3mm、4mm、5mm，玻纤毡 3mm、4mm，玻纤增强聚酯毡厚度为 5mm。每卷卷材公称面积为 7.5m²、10m²、15m²。

2）卷材外观要求

卷材外包装上应包括：产品名称；生产厂名、厂址；商标；产品标记；生产日期或批号；检验合格标识；生产许可证号及其标志；

外观检测要求：成卷卷材应卷紧卷齐，端面里进外出不大于10mm。成卷卷材在（4～60）℃任一产品温度下展开，在距卷芯1000mm长度外不应有10mm以上的裂纹或黏结。胎基应浸透，不应有未被浸渍处。卷材表面应平整，不允许有孔洞、缺边和裂口、疙瘩，矿物粒料粒度应均匀一致并紧密地黏附于卷材表面。每卷卷材接头处不应超过一个，较短的一段长度不应少于1000mm，接头应剪切整齐，并加长150mm。

3）贮存运输

① 避免日晒雨淋，干燥通风环境下贮存。储存温度不得低于相应规格产品柔度试验温度，不应高于50℃。立式存放，高度不超过两层；

② 运输时必须立放，高度不超过两层，要防止倾斜或横压，必要时加盖苫布。

③ 正常贮存和运输条件下，贮存期自生产之日起为一年。

④ 运输及储存过程应远离火源。

（3）自粘聚合物改性沥青防水卷材

高聚物改性沥青聚乙烯胎防水卷材是以高密度聚乙烯膜为胎基，以 APP、SBS 等高聚物改性沥青为涂盖材料，以聚乙烯膜或铝箔为上表面覆盖材料，采用挤压成型工艺加工制成的，可卷曲的片状防水材料。本品适用于工业与民用建筑的防水工程，上表面覆盖聚乙烯膜的防水卷材适用于非外露的防水工程，上表面覆盖铝箔的防水卷材则适用于外露防水工程。聚乙烯膜与高聚物改性沥青组成的卷材，具有良好的防水、防腐，耐化学品的综合性能。如图 2-3 所示。

1）自粘聚合物改性沥青防水卷材分类

高聚物改性沥青聚乙烯胎防水卷材按有胎基（N 类）、聚酯胎基（PY 类）

N 类按上表面材料分为聚乙烯膜（PE）、聚酯膜（PET）、无膜双面自粘（D）。

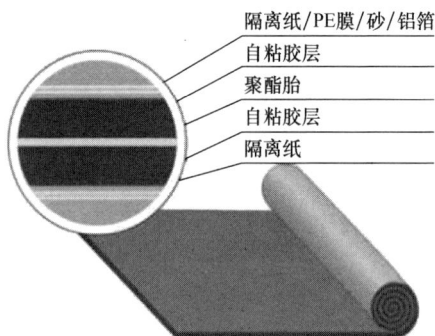

图 2-3　自粘型卷材

PY 类按上表面材料分为聚乙烯膜（PE）、细砂（S）、无膜双面自粘（D）。

规格：卷材公称宽度为 1000mm、2000mm。卷材公称面积有 $10m^2$、$15m^2$、$20m^2$、$30m^2$。厚度 N 类：1.2mm、1.5mm、2.0mm。PY 类：2mm、3mm、4mm。

卷材外包装上应包括：产品名称；生产厂名、厂址；商标；产品标记；生产日期或批号；检验合格标识；生产许可证号及其标志；运输与贮存注意事项。

2）外观检测要求

成卷卷材应卷紧卷齐，端面里进外出不大于 20mm。成卷卷材在（4~45）℃任一产品温度下展开，在距卷芯 1000mm 长度外不应有 10mm 以上的裂纹或黏结。PY 类产品胎基应浸透，不应有未被浸渍处的浅色条纹。卷材表面应平整，不允许有孔洞、缺边和裂口、疙瘩，上表面为细沙的，细沙应均匀一致并紧密地黏附于卷材表面。每卷卷材接头处不应超过一个，较短的一段长度不应少于 1000mm，接头应剪切整齐，并加长 150mm。

3）运输与贮存

① 运输时防止倾斜或横压，必要时加盖苫布。

② 贮存与运输时，不同类型、规格的产品应分开堆放，不

应混杂。避免日晒雨淋，注意通风。

③ 贮存温度不应高于 45℃，卷材平放贮存，码放高度不超过 5 层。

④ 产品在正常运输、贮存条件下，贮存期自生产之日起至少为一年。

（4）改性沥青聚乙烯胎防水卷材

丁苯橡胶改性氧化沥青聚乙烯胎防水卷材是以高密度聚乙烯膜为胎基，以丁苯橡胶和塑料树脂改性氧化沥青为涂盖材料，以聚乙烯膜或者铝箔为上表面覆盖材料，采用挤压成型工艺加工制成可卷曲的片状防水材料。本品适用于工业与民用建筑的防水工程，上表面覆盖聚乙烯膜的防水卷材适用于非外露的防水工程，上表面覆盖铝箔的防水卷材适用于外露的防水工程。聚乙烯膜与改性氧化沥青所组成得卷材具有良好的耐水性，耐化学及微生物腐蚀性和延展性。改性沥青聚乙烯胎防水卷材使用于非外露的建筑与设施防水工程。

1）丁苯橡胶改性氧化沥青聚乙烯胎防水卷材类型规格

按产品的施工工艺分为热熔型和自粘型两种。从热熔型产品按改性剂的成分分为改性氧化沥青防水卷材、丁苯橡胶改性氧化沥青防水卷材、高聚物改性氧化沥青防水卷材、高聚物改性沥青防水卷材、高聚物改性沥青耐根穿刺防水卷材四类。从隔离材料来分分为热熔型卷材上下表面隔离材料为聚乙烯膜、自粘型卷材上下表面隔离材料为防粘材料。

丁苯橡胶改性氧化沥青聚乙烯胎防水卷材的规格

厚度：热熔型：3.0mm、4.0mm，其中耐根穿刺卷材为 4.0mm；

自粘型：2.0mm、3.0mm。

公称宽度：1000mm、1100mm。

公称面积：每卷面积为 10m^2、11m^2。

2）卷材包装及外观要求

卷材外包装上应包括产品名称；生产厂名、厂址；商标；产品标记；生产日期或批号；检验合格标识；生产许可证号及其标志；

外观检测要求：成卷卷材应卷紧卷齐，端面里进外出不得超过 20mm。成卷卷材在（4~45）℃任一产品温度下展开，在距卷芯 1000mm 长度外不应有裂纹或长度 10mm 以上的黏结。卷材表面应平整，不允许有孔洞、缺边和裂口、疙瘩或任何其他能观察到的缺陷存在。每卷卷材接头处不应超过一个，最短的一段长度不应少于 1000mm，接头应剪切整齐，并加长 150mm。

3）运输与贮存

① 运输时防止倾斜或横压，必要时加盖苫布。

② 贮存与运输时，不同类型、规格的产品应分开堆放，不应混杂。避免日晒雨淋，注意通风。

③ 贮存温度不应高于 45℃，卷材平放贮存，码放高度不超过 5 层。

④ 产品在正常运输、贮存条件下，贮存期自生产之日起至少为一年。

2. 合成高分子防水卷材

合成高分子是由可聚合小分子化合物经聚合反应形成的高相对分子量化合物。按材料用途，合成高分子分为合成橡胶、合成纤维、合成塑料、涂料、胶粘剂等。

合成高分子卷材是以合成高分子材料为主体，掺入适量化学助剂和填料，经混炼、压延或挤出工艺制成的片状防水材料，也称为防水片材。

（1）合成高分子卷材分类

合成高分子卷材按合成高分子材料种类可分为三元乙烯橡胶防水卷材、氯丁橡胶卷材、氯丁橡胶乙烯防水卷材、聚氯乙烯防水卷材、氯化聚乙烯橡胶共混卷材。

1）三元乙烯橡胶防水卷材

三元乙烯橡胶防水卷材耐老化性能好，化学稳定性佳，具有优良的耐候性、耐臭氧性、耐热性和低温柔性甚至超过氯丁橡胶与丁基橡胶，比塑料优越得多。三元乙烯橡胶防水卷材还具有质量小、拉伸强度高、伸长率大、使用寿命长、耐强碱腐蚀等特点。

三元乙丙橡胶适用于耐久性、耐腐蚀性和适应变形要求高，防水等级为一级和二级的屋面和地下防水工程，适用于受震动、易变形的建筑工程防水，也可以用在刚性保护层和倒置式屋面。

2）氯丁橡胶卷材

除耐低温性能稍差外，氯丁橡胶卷材的其他性能与三元乙烯橡胶防水卷材的基本类似，拉伸强度高，耐油性、耐日光、耐臭氧、耐候性很好。

3）氯丁橡胶乙烯防水卷材

氯丁橡胶乙烯防水卷材是以增塑聚氯乙烯为基料的塑性卷材，具有较好的延伸率和耐高低温性能，采用冷粘法施工极为方便。

4）聚氯乙烯防水卷材

聚氯乙烯防水卷材拉伸强度高，延伸率大，对基层伸缩或开裂变形的适应能力强；具有良好的水蒸气扩散性，易于排除基层的湿气；耐根系穿透、耐化学腐蚀、耐老化，使用寿命长。

聚氯乙烯防水卷材适用于工业与民用建筑的各种屋面、地下防水工程，也适用于种植屋面。

5）氯化聚乙烯橡胶共混卷材

氯化聚乙烯橡胶共混卷材有塑料的热塑性和橡胶弹性的特点，强度高、弹性好、耐老化性、延伸性和耐低温性能好。卷材可用多种胶粘剂黏结冷施工。

氯化聚乙烯防水卷材适用于工业与民用建筑的各种屋面、地下防水工程。

总体而言，合成高分子防水卷材的性能指标较高，如优异的弹性和抗拉强度，使卷材对基层变形的适应性增强；优异的耐候性能，使卷材在正常的维护条件下，使用年限更长，可减少维修、翻新费用。

（2）合成高分子卷材的构造

合成高分子卷材按构造分为均质片、复合片和点粘片。均质片是以同一种或一组高分子材料为主要材料，各部位截面材质均匀一致的防水片材。复合片是以高分子合成材料为主要材料，以复合织物等为保护或增强层，以改变其尺寸稳定性和力学特性，各部位截面结构一致的防水卷材。点粘片是均质片材与织物等保护层多点粘结在一起，粘结点在规定区域内均匀分布，利用粘结点的间距，使其具有切向排水功能的防水片材。

合成高分子卷材（片材）的规格尺寸及允许偏差如表 2-2 所示，特殊规格可以订货。

片材的规格尺寸及允许偏差 表 2-2

项目	厚度（mm）		宽度（m）	长度
橡胶类	1.0，1.2，1.5，1.8，2.0		1.0，1.1，1.2	>20
树脂类	>0.5 以上		1.0，1.2，1.5，2.0，2.5，3.0，4.0，6.0	
允许偏差	<1.0mm	≥1.0mm	±1%	不允许出现负值
	±10%	±5%		

注：橡胶类片材在每卷 20m 长度中允许有一处接头，且最小块长度不应小于 3m，并应加长 15cm 备做搭接；树脂类片材在每卷至少 20m 长度内不允许有接头；自粘片材及异型片材每卷 10m 长度内不允许有接头。

（3）合成高分子卷材的检测

1）外观质量标准

片材表面应平整，不能有影响使用性能的杂质、机械损伤、折痕及异常黏附等缺陷。在不影响使用的前提下，片材表面的凹痕深度不得超过片材厚度的 30%；树脂类片材不得超过 5%；气泡深度不得超过片材厚度的 30%，每 1m² 内不得超过 7mm²，树脂类片材不允许有气泡。

2）片材试样的制备

将规格尺寸检测合格的卷材展平后静置 24h，裁取试验所需的足够长度试样，裁取所需试片，试片距卷材边缘不得小于

100mm。裁切复合片时应顺着织物的纹路，尽量不破坏纤维并使工作部分保证最多的纤维根数。

3）组批与抽样

以同品种、同规格的 5000m² 片材为一批，随机抽取三卷进行规格尺寸和外观质量检验，在上述合格的样品中再随机抽取足够的试样进行物理性能检验。

① 检验项目：规格尺寸、外观质量、常温拉伸强度、常温扯断伸长率、撕裂强度、低温弯折、不透水性能、复合强度（FS2）按批进行出厂检验。

② 判定规则：规格尺寸、外观质量及物理性能各项指标全部符合技术要求，则为合格品。若物理性能有一项指标不符合技术要求，应另取双倍样进行该项复试，复试结果若仍不合格，则该批产品为不合格品。

（4）合成高分子卷材的运输与贮存

片材卷曲为圆柱形，外用适宜材料包装。贮存与运输时，应注意勿使包装损坏，放置于通风、干燥处，贮存垛高不应超过平放五个片材卷高度。堆放时，应放置于干燥的水平地面上，避免阳光直射，禁止与酸、碱、油类及有机溶剂等接触，且隔离热源。贮存期自生产日起至少一年。

（三）防 水 涂 料

防水涂料是一种流态或半流态的物质，以一定的厚度涂刷在混凝土或砂浆的基层表面，经过常温下溶剂或水分挥发，固化后形成的一种具有弹性和防水作用的结膜，也称为防水涂膜。防水涂料有以下特点：

1. 防水性能好，对各种复杂的防水基层容易形成一个完整的防水层，还可以在各涂层之间增设无纺布、纤维网格布等增强层。

2. 操作简单、施工进度快，可机械施工。可采用喷、刷、刮等多种工艺，成膜均匀，进度快。

3. 与卷材防水层相比涂料防水层自重小。

4. 可冷施工，减少污染，改善劳动条件。

5. 易于修补，可在渗漏处进行局部修补。

防水涂料适合于形状复杂、结点较多的作业面；形成的防水层整体性好，可形成无接缝的连续防水层；可以冷施工，操作方便；易于对渗流点做出判断维修。但其易受施工方法影响，膜层厚度不一致；涂膜成型受环境温度制约，膜层的力学性质受成型环境的温度和湿度影响。

1. 防水涂料的分类

防水涂料分为溶剂型、水乳型、反应型三种。溶剂型防水涂料干燥快，结膜较薄而致密；易燃、易爆、有毒，生产、运输和使用时应注意安全，注意防火，施工时应注意通风，保证人身安全。

水乳型防水涂料通过水分蒸发而结膜；涂层干燥较慢，一次成膜的致密性差；无毒、不燃，生产使用比较安全；可在较为潮湿的找平层上施工，但不宜在5℃以下的气温下施工。

反应型防水涂料可一次结成致密的较厚的涂层，几乎无收缩；有异味，生产、运输、使用时应注意防火；施工时需在现场按规定配方进行配料，搅拌应均匀，以保证施工质量，但价格较高。

2. 沥青防水涂料

沥青类防水涂料是以沥青为基料配制而成的水乳型或溶剂型防水涂料，主要有石灰乳化沥青防水涂料、石棉乳化沥青防水涂料和膨润土沥青乳液防水涂料。

（1）石灰乳化沥青防水涂料

石灰乳化沥青防水涂料是以石油沥青为基料，以石灰膏为分散剂，以石棉绒为填充料加工而成的一种沥青浆膏，是在热状态下用机械强力搅拌而制成的一种黑褐色膏体厚质防水涂料。

优点：原材料来源充分，生产工艺简单，成本较低；生产及施工操作安全；容易做成厚涂层有较好的耐候性。

缺点：涂层基本呈刚性，延伸率较低，容易因基层变动而开裂，使防水失效；由于材料中沥青未经改性，在低温下易变脆；对施工环境温度要求较苛刻。

石灰乳化沥青防水涂料结合聚氯乙烯胶泥等接缝材料，可用于保温或非保温无砂浆找平层屋面等工程的防水；可作为膨胀珍珠岩等保温材料的胶粘剂，做成沥青膨胀珍珠岩等保温材料。

（2）石棉乳化沥青防水涂料

石棉乳化沥青防水涂料是以沥青为基料，石棉为增强填充料，在乳化剂水溶液的作用下，经过强烈搅拌而成的一种水溶型厚质冷粘防水涂料。

石棉乳化沥青防水涂料无毒、无味、无污染；可在潮湿的基层上涂布，并能采用冷施工；可形成较厚的涂膜；贮存稳定性、耐水性、耐候性及抗裂性较一般乳化沥青要好。

石棉乳化沥青防水涂料对环境温度的要求较高，一般只能在15℃以上的条件下施工。当气温低于10℃时，涂料的成膜性不好，不宜施工。

石棉沥青防水涂料适用于民用建筑及工业厂房的钢筋混凝土屋面防水，还可用于地下室、楼层卫生间、厨房等处的防水层。

（3）膨润土沥青乳液防水涂料

膨润土沥青乳液防水涂料是以优质石油沥青为基料，膨润土为分散剂，经机械搅拌而成的水乳型厚质防水涂料。

本产品采用冷施工，可在潮湿但无积水的基层上涂布，能形成厚质防水涂膜，耐久性好。本品黏结力强，耐热度高，防水性能好，易于操作，不污染环境。

膨润土沥青乳液防水涂料适用于民用和工业厂房等建筑复杂屋面、清灰屋面和平整的保温层上，以及地下工程、厕浴间等工程的防水、防潮，还可涂于屋顶钢筋、板面和油毡表面做保护涂料，延长其使用年限。

沥青基防水涂料特点及适用范围见表 2-3。

<table>
<tr><td colspan="5" align="center">沥青基防水涂料特点及适用范围　　　　　　　　表 2-3</td></tr>
</table>

类别	名称	特点	适用范围	施工方法
沥青防水涂料	石灰、石棉或膨润土乳化沥青防水涂料	水性涂料、现场配置简单方便价格低廉，伸长率较低、低温下易开裂变脆	属性能较差的防水，用于防水等级为Ⅲ、Ⅳ级的部位	刮涂法冷施工

3. 高聚物改性沥青防水涂料

高聚物改性沥青防水涂料是以沥青为基料，用合成橡胶、再生橡胶、SBS 对沥青进行改性制成的防水涂料，包括氯丁橡胶沥青防水涂料（水乳型和溶剂型两类）、再生橡胶沥青防水涂料（水乳型和溶剂型两类）、SBS 弹性沥青防水冷胶料等。

（1）氯丁橡胶沥青防水涂料

氯丁橡胶沥青防水涂料是以氯丁橡胶和沥青为基料，经加工而成的防水涂料。氯丁橡胶沥青防水涂料可分为溶剂型和水乳型两种。

溶剂型氯丁橡胶改性沥青防水涂料耐候性、耐腐蚀性强，延伸性好，适应基层变形能力强；形成涂膜的速度快且致密完整；可在低温下冷施工，施工简单方便。溶剂型氯丁橡胶沥青防水涂料适用于混凝土屋面防水，地下室、卫生间等防水防潮工程，也可用于旧建筑防水维修及管道防腐。

水乳型氯丁橡胶改性沥青防水涂料又名氯丁胶乳沥青防水涂料，具有良好的相容性，克服了沥青热淌冷脆的缺陷，具有一定的柔韧性、耐高低温、耐老化性能；无毒、无污染，可冷施工，施工操作方便；原料来源广泛、价格低。

水乳型沥青防水涂科适用于屋面、厕浴间、天沟、防水层和层面隔汽层，适用于地下室防水、防潮隔离层，适用于斜沟、天沟、建筑物间连接缝等非平面防水层。

（2）再生橡胶沥青防水涂料

再生橡胶沥青防水涂料是一种以沥青为基础材料，橡胶为改性材料，水或汽油为主要原料，经过乳化或汽油稀释后制成的一种新型的防水涂料。

再生橡胶沥青防水涂料可分为溶剂型再生橡胶沥青防水涂料和水乳型再生橡胶沥青防水涂料两大类型。

1）溶剂型再生橡胶沥青防水涂料

溶剂型再生橡胶沥青防水涂料能在各种复杂基面形成无接缝的涂膜防水层，具有一定的柔韧性和耐久性，但需要进行数次涂刷，才能形成较厚的涂膜；以汽油为溶剂，故涂料干燥固化迅速，但在生产、贮存、运输、使用过程中有燃爆危险，应严禁烟火，并配备消防设备；可在常温和低温下进行冷施工，施工时，应保持通风良好，及时扩散溶剂气体分子，对环境有一定污染；生产所用原材料来源广泛，生产成本较低；延伸等性能比溶剂型氯丁橡胶沥青防水涂料的略低。

溶剂型再生橡胶沥青防水涂料适用于工业及民用建筑混凝土屋面的防水层；楼层厕浴间、厨房间的防水；旧油毡屋面维修和翻修；地下室、水池、冷库、地坪等的抗渗、防潮；一般工程的防潮层、隔汽层。

2）水乳型再生橡胶沥青防水涂料

水乳型再生橡胶沥青防水涂料能在复杂基面形成无接缝防水膜，但需多遍涂刷才能形成较厚的涂膜；该涂膜具有一定的柔韧性和耐久性；以水作为分介质，具有无毒、无味、冷施工，不污染环境，操作简单，维修方便，不燃的优点，安全可靠；但产品质量易受生产条件影响，涂料成膜及贮存中其稳定性易出现波动；可在稍潮湿但无积水的基面上施工。其原料来源广泛，价格较低。水乳型再生橡胶沥青防水涂料适用于各类工业与民用建筑混凝土基层屋面；适用于楼层厕浴间、厨房防水；适用于以沥青珍珠岩为保温层的保温层屋面防水；适用于地下混凝土建筑防潮；适用于旧油毡屋面翻修和刚性自防水屋面的维修。

（3）SBS弹性沥青防水冷胶料

SBS弹性沥青防水冷胶料是以沥青、橡胶、合成树脂、SBS等为基料，以多种配合剂为辅料，经过专用设备加工而成的一种弹性防水涂料。SBS 弹性沥青防水冷胶料可分为溶剂型和水乳型两大类型。

SBS 弹性沥青防水冷胶料具有韧性强、弹性好、耐疲劳、抗老化、防水性能优异等特点；高温不流淌，低温不脆裂，可冷施工，环境适应性广。SRS 弹性沥青防水冷胶料适用于各种建筑结构的屋面、墙体、厕浴间、地下室、冷库、桥梁、铁路路基、水池、地下管道等的防水、防渗、防潮、隔汽等工程。

高聚物改性沥青防水涂料特点及适用范围见表 2-4。

高聚改性沥青防水涂料特点及适用范围   表 2-4

防水涂料名称	特 点	适用范围	施工工艺
水乳型氯丁橡胶沥青防水涂料	阳离子型，具有成膜较快，强度高，耐候性好，无毒，不污染 环境，抗裂性好，操作方便	可用于 Ⅱ、Ⅲ、Ⅳ级的屋面	涂刮法冷施工
溶剂型氯丁橡胶沥青防水涂料	较好的耐高，低温性能，黏结性型好，干燥成膜快，操作方便		
SBS 改性沥青防水涂料	良好的防水性，耐湿热，耐低温，抗裂性和耐老化性，无毒，无污染	适于寒冷地区的Ⅱ、Ⅲ级屋面	冷施工
热熔型高聚物改性沥青防水涂料	固含量高（≥98%），耐水性好，延伸性大，水密性佳，耐久性强，且价格较低	适于寒冷地区的Ⅱ、Ⅲ级屋面，尤其适用于复合防水	热熔施工

4. 合成高分子防水涂料

合成高分子防水涂料是以合成橡胶或合成树脂为主要成膜物质，加入其他辅助材料而配制成的单组分或多组分的防水涂膜材料，主要有聚氨酯防水涂料、硅橡胶防水涂料、丙烯酸酯类防水涂料及聚氯乙烯弹性防水涂料。

（1）聚氨酯防水涂料

聚氨酯防水涂料原材料为较昂贵的化工材料，故成本较高，售价较高；施工过程中难以使涂膜厚度做到像高分子防水卷材那样均匀一致。为使涂膜的厚度比较均一，必须要求防水基层有较好的平滑度，并要加强施工技术管理，严格按照施工操作规程执行。本涂料有一定的可燃性和毒性；为双组分反应型，需在施工现场准确称量配合，搅拌均匀，不如其他单组分涂料使用方便；必须分层施工，上下覆盖，才能避免产生直透针眼、气孔。

聚氨酯防水涂料适用于各种屋面防水工程（需覆盖保护层）；适用于地下建筑防水工程、厨房、浴室、卫生间防水工程、水池、游泳池防漏，适用于地下管道防水、防腐蚀等。

（2）硅橡胶防水涂料

硅橡胶防水涂料在任何复杂的表面均易于施工，形成抗渗性较高的连续防水层；以水作为分散介质，具有无毒、无味、不燃的优点，安全可靠；可在常温下冷施工作业，不污染环境，操作简单，维修方便；具有一定渗透性，形成的涂膜延伸率较高，可配成各种颜色，耐候性较好。具有一定的装饰效果；可在稍潮湿而无积水的表面施工，成膜速度快；耐候性较好。

硅橡胶防水涂料原材料为较昂贵的化工材料，故成本较高，售价较高；施工过程中难以使涂膜厚度做到像高分子防水卷材那样均匀一致，故必须要求基层有较好的平整度，并要加强施工技术管理，严格执行施工操作规程，方能达到高质量目标。本涂料属水乳型涂料，固体含量比反应型涂料的低，故要达到相同厚度时，单位面积涂料使用量较大；必须分层多次涂刷，上下覆盖，才能避免产生直通针眼、气孔。气温低于5℃时不宜施工。

（3）丙烯酸酯类防水涂料

丙烯酸酯类防水涂料能在复杂的基层表面施工；以水作为分散介质，无毒、无味、不燃，安全可靠；可在常温下冷施工作业，不污染环境，操作简单，维修方便；可配成多种颜色，兼具防水、装饰作用；可在稍潮湿而无积水的表面施工。

它以高分子化合物为主要原材料，故成本较高；施工过程中难以使涂膜厚度做到像高分子卷材那样均匀，故必须要求基层有较好的平整度；属水乳型涂料，固体含量比反应型涂料的低，故要达到相同厚度，单位面积涂料使用量较大；必须分层多次涂刷，上下覆盖，才能避免产生直通针眼、气孔，气温低于5℃时不宜施工。

丙烯酸酯类防水涂料适用建筑屋面、墙面防水、防潮；地下混凝土建筑、厨、厕间防水、防潮；防水维修工程。

（4）聚氯乙烯弹性防水涂料

聚氯乙烯防水涂料亦称PVC防水涂料，以PVC树脂或塑料与煤焦油相互改性，掺加适量增塑剂、稳定剂、填充料等制成。PVC防水涂料按施工方式分为热塑型（J型）和热熔型（G型）两种类型。PVC防水涂料按耐热和低温性能分为801和802两个型号。合成高分子防水涂料特点及适用范围见表2-5。

合成高分子防水涂料特点及适用范围　　表2-5

防水涂料名称	特　点	适用范围	施工工艺
聚氯酯防水涂料	有橡胶状弹性，眼神性好，抗拉强度和抗撕裂强度高，有优异的耐候、耐油、耐磨、耐酸碱，一定的阻燃性，与各种基层的黏结性优良，涂膜表面光滑，施工简便，使温度为−30～80℃	宜用Ⅰ、Ⅱ、Ⅲ级的屋面防水，单独使用时厚度不小于2mm，复合使用时厚度不小于1.5mm	冷粘施工
丙烯酸酯防水涂料	有良好的黏结性、防水性、耐候性，柔韧性和弹性，无污染，无毒，不燃，以水为稀释剂，施工方便，且可调制成多种颜色，但成本较高	可用于Ⅰ、Ⅱ、Ⅲ级有不同的颜色要求的屋面防水或旧屋面的维修	冷粘施工，可刮，可涂，可喷，但温度需高于4℃时才能成膜
硅橡胶防水涂料	具有良好的渗透性，防水性，抗裂性及黏结性，适应基层变形能力强，成膜速度快，可在潮湿基面上施工，无毒，可配成多种颜色，使用温度为−30℃～100℃	可用于Ⅰ、Ⅱ、Ⅲ级有不同的颜色要求的屋面防水	冷粘施工

防水涂料名称	特 点	适用范围	施工工艺
聚合物水泥防水涂料	有较好的拉伸强度、延伸性和不透水性，耐久性优异，可在潮湿基面上施工，冷膜干燥快，与基层有良好的黏结性	可用于Ⅰ、Ⅱ、Ⅲ级屋面防水或旧屋面的维修	冷粘施工，但温度需高于5℃时才能成膜

5. 聚合物水泥防水涂料

聚合物水泥防水涂料，又称 JS 复合防水涂料，是建筑防水涂料中近年来发展起来的一大类别。本产品是一种以聚丙烯酸酯乳液、乙烯—醋酸乙烯酯共聚乳液等聚合物乳液与各种添加剂组成的有机液料，水泥、石英砂及各种添加剂、无机填料组成的无机粉料，当有机液料和无机粉料按照一定配合比、复合制成的一种双组分、水性建筑防水涂料。其性质既有有机涂料的特点又有无机涂料特点。

（1）聚合物水泥防水涂料品种

根据聚合物乳液和水泥的不同比例，可分为Ⅰ型（高伸长率、高聚灰比）和Ⅱ型（低伸长率、低聚灰比）两类产品，分别适用于较干燥、基层位移量较大的部位和长期接触水或潮气、基层位移量较小的部位。

（2）聚合物水泥防水涂料技术特点

1）聚合物水泥防水涂料水性涂料，无毒、无害、无污染，对环境和人员无任何危害，属于环保型产品，使用安全。

2）涂层坚韧，高强度，耐水性、耐候性、耐久性优异，能耐140℃高温，尤其适用于道路、桥梁防水，并可加颜料以形成彩色涂层。

3）能在潮湿（无明水）或干燥的多种材质基面上直接施工。能在立面和顶面上直接施工，不流淌，施工简便，便于操作，工期短，在常温条件下涂料可以自行干燥。

4）产品能与基面及水泥砂浆等各种基层材料牢固粘接，是理想的修补粘接材料，对各种各样的建筑材料具有很好的附着性，能形成整体无缝致密稳定的弹性防水层。

（3）质量要求

聚合物水泥防水涂料的质量应符合表 2-6 的要求。

聚合物水泥防水涂料质量要求 　　表 2-6

项　目		质量要求
固体含量（%）		≥65
拉伸强度（MPa）		≥1.2
断裂伸长率（%）		≥200
低温柔性（℃，2h）		－10，绕 ϕ10mm 圆棒无裂纹
不透水性	压力（MPa）	≥0.3
	保持时（min）	≥30

（四）刚性防水材料

刚性防水材料是指以水泥、砂石为原材料，或其内掺入少量外加剂、高分子聚合物等材料，通过调整配合比，抑制或减少孔隙率，改变孔隙特征，增加各原材料界面间的密实性等方法，配制成具有一定抗渗透能力的水泥砂浆混凝土类防水材料。

刚性防水材料除具有防水作用，更主要的是还具有一定防渗作用；材料具有较高的抗压强度，但抗拉强度低。所以在工程中常根据防水要求的不同，采用不同做法，在满足防水功能的情况下，在建筑物屋面防水工程、地下防水工程中大量使用。刚性防水材料优点很多：可使结构承重和防水功能合二为一；抗冻、抗老化性能优越，提高防水耐久性；材料易取材，造价低，施工方便，基层潮湿条件下可正常施工；发生渗漏时，易查找修补；原材料为无机物，不燃烧，无味无毒。因为刚性防水材料是一种脆性材料，所以抗拉强度较低，常因材料干缩，地基不均匀沉降、振动、温度差等因素而导致开裂；材料自重过大，在屋面工程中会对主体结构造成一定的影响。

1. 刚性防水材料的分类

（1）特征

刚性防水是相对防水卷材、防水涂料等柔性防水材料而言的防水形式，主要包括防水砂浆和防水混凝土，刚性防水材料则是指按规定比例掺入水泥砂浆或混凝土中配制防水砂浆或防水混凝土的材料。

（2）分类

刚性防水材料按其胶凝材料的不同可分为两大类：一类是以硅酸盐水泥为基料，加入无机或有机外加剂配制而成的防水砂浆、防水混凝土，如外加剂防水混凝土，聚合物砂浆等；另一类是以膨胀水泥为主的特种水泥为基料配制的防水砂浆、防水混凝土，如膨胀水泥防水混凝土等。

2. 防水混凝土

防水混凝土是采用调整配合比，掺外加剂或掺入膨胀剂，提高材料自身密实度、抗渗性能（抗渗压力＞0.6MPa）而满足防水功能要求的不透水混凝土。

常用的品种有：普通防水混凝土、外加剂防水混凝土、膨胀剂防水混凝土、纤维抗裂防水混凝土和聚合物水泥防水混凝土等。

（1）普通防水混凝土

1）概述

普通防水混凝土是通过调整配合比、强化施工质量两个途径来提高材料的抗渗、防水能力的混凝土，不掺加外加剂。

2）配制要求

配合比调整有以下原则：在满足水泥用量的前提下降低水灰比，控制坍落度；采用合理的砂率；控制石子的最大粒径。

配制对原材料的要求有：水泥强度≥42.5MPa 不能使用火

山灰水泥，水泥用量≥320kg/m³；砂宜用洁净中砂，砂中含泥量＜2%；石子采用坚硬碎石或卵石，石中含泥量＜1%；水采用自来水或饮用水，pH＞4，水中不得含有糖类、油类及有机物等有害物质。

（2）外加剂防水混凝土

在混凝土中加入一定量的减水剂、引气剂、防水剂等外加剂，使其达到一定防水功能的混凝土。

（3）膨胀剂防水混凝土

在普通混凝土中加入适量膨胀剂，利用膨胀作用，配制成具有抗裂、抗渗性能的混凝土称为膨胀剂防水混凝土。它是膨胀混凝土类中的补偿收缩混凝土。

膨胀剂防水混凝土适用于一般建筑工程地下室防水工程，包括防水层做完之后的混凝土或钢筋混凝土底板与立墙自防水结构。

（4）纤维抗裂防水混凝土

在混凝土中加入一定量的纤维而组成的一种刚性复合材料称为纤维防水混凝土。纤维在混凝土中均匀分布，改善了内部因干缩而引起的定向拉应力，从而改变或消除了裂缝的贯通性，提高材料的防水能力。根据纤维对混凝土改性的不同可分为低掺量和高掺量两种。低掺量的纤维含量为 0.05%～0.1%，可使混凝土在原有力学状态下减少早期收缩裂缝 50%～100%。高掺量的纤维含量大于 0.5%，可以改善混凝土的各项力学性能，提高抗裂、防水性能。

常用纤维材料有钢纤维和聚丙烯纤维两种。

① 钢纤维抗裂防水混凝土：钢纤维有铣屑型、剪切型和冷拔钢丝等，以铣屑型性能最佳。

② 聚丙烯纤维抗裂防水混凝土：采用短切聚丙烯纤维，并对纤维进行碱表面处理，掺量为 0.05%～1.5%，加入混凝土中，可提高混凝土抗裂性能 2%～10%，提高抗折强度 10% 左右，提高抗冲击强度 70%～143%，提高抗冻性 5 倍，达到

F300，从而改善了混凝土的防水能力。

（5）聚合物水泥混凝土

聚合物加入混凝土或砂浆中，形成弹性网膜混凝土、砂浆，并经化学作用加大了聚合物同水泥水化物的黏结强度，提高了材料的抗拉、抗弯、抗裂性能，使材料达到一定的抗渗、防水功能要求。聚合物水泥混凝土大量用于游泳池、化粪池、水泥库等防水工程中。

配合比中应考虑聚合物的掺量。通常聚灰比（聚合物和水泥在整个固体中的质量比）在 5%～20% 选用。

3. 防水砂浆

水泥防水砂浆抹面防水做法因为价格低廉、施工简便，故在工程中广泛采用。由于其为刚性防水材料，质脆，韧性差，耐候性差，易空鼓开裂，常造成防水质量下降，故常在水泥砂浆中掺入防水剂或聚合物材料进行改性，克服以上缺陷。

水泥防水砂浆按其材料成分不同，通常分为三类：普通防水砂浆、外加剂防水浆、聚合物防水砂浆。

（1）普通防水砂浆

普通防水砂浆，是用水泥浆、素灰和水泥砂浆交替抹压密实形成防水层。

（2）外加剂防水砂浆

防水砂浆中的外加剂及化学组成。

几种常用类型掺外加剂防水砂浆的配合比如下：

1）金属氯盐类防水砂浆配合比

防水砂浆为：防水剂：水：水泥：砂＝1：6：8：3。

防水净浆为：防水剂：水：水泥＝1：6：8。

2）金属皂类防水砂浆配合比

水泥：砂＝1：2，防水剂用量为水泥质量的 1.5%～5.05%。

3）掺 UEA 膨胀剂防水砂浆配合比（质量比）

水泥：UEA 膨胀剂：砂：水＝1：（2.0～2.5）：（0.40～

0.45）∶0.1。

（3）聚合物防水砂浆

聚合物防水砂浆是由水泥、砂和一定量的聚合物及适量稳定剂、消泡剂等助剂经搅拌均匀而成。

三、防水卷材施工

（一）防水卷材施工常用机具设备

防水卷材施工常用机具设备见表 3-1。

防水卷材施工常用机具设备   表 3-1

机具名称	规格	用途	样式
单头热熔燃具①	大口径喷枪或喷灯	大面卷材热熔粘贴	
单头热熔燃具②	小口径喷灯	搭接缝和复杂细部热熔施工	
卷材展铺器	—	用于卷材展开和铺贴	
腻子刀	—	清理基层	

机具名称	规格	用途	样式
吹灰器	—	清除细部灰尘	
扫帚	—	清扫基层或卷材	
卷尺	30m 长	度量尺寸	
盒尺	3m 长	度量尺寸	
剪刀	普通型	裁剪卷材	

机具名称	规格	用途	样式
壁纸刀	—	切割卷材	
弹线盒	—	弹基准线	
钢压辊	ϕ300mm，长 400mm	滚压大面卷材	
小压辊	ϕ50mm，长 100mm	搭接边及复杂细部滚压专用	
滚动刷	—	涂刷基层处理剂	
毛刷	长 300mm	细部涂布基层处理剂、胶粘剂或涂料用	

机具名称	规格	用途	样式
橡胶刮板	—	涂布胶粘剂或涂料	
腻子刀或嵌缝枪	—	嵌填密封材料	

（二）高聚物改性沥青卷材防水层施工

1. 高聚物改性沥青防水卷材热熔法施工

热熔黏结的施工工艺是国际上广泛采用的一种热黏结工艺，它是采用专用火焰加热器或喷灯烘烤表层热熔型防水卷材（厚度≥3mm）底面以及叠层防水构造下层热熔型防水卷材上表面沥青层，待表面沥青呈熔融状态时立即粘贴，并随后用轧辊滚压排除卷材下面空气并趁热使其黏结密实、牢固；搭接缝的黏结和密封是通过将上下两层卷材搭接区粘合面沥青层加热至熔融时黏结并随即滚压粘实，并通过接缝口挤出的约 5～10mm 沥青条将搭接缝封闭；卷材终端收头利用机械固定并将边缘用密封膏（或封口胶）嵌填严密达到封闭。热熔工法是卷材自身的沥青在热状态下黏结，黏结强度高且耐久，边缘挤出热的沥青条或嵌填的密封膏，完全可以将接缝口及收头部位封闭，从而保证接缝和收头的密封，形成一个完整的封闭严密的整体卷材防水层。

在屋面工程中卷材与基层利用条粘、点粘或应力集中部位空铺，可避免在基层产生裂缝时卷材随其开裂（即在卷材与基层黏结强度高于卷材黏结强度时出现的零延伸），同时还起到平衡水蒸气压力、避免防水层起鼓的作用。

改性沥青防水卷材—防水层主体材料

本工法采用的改性沥青防水卷材，主要包括弹性体（SBS）改性沥青防水卷材（以下简称 SBS 改性沥青卷材）、塑性体（APP）改性沥青防水卷材（以下简称 APP 改性沥青卷材）和 SUPER-APP 路桥专用高耐热改性沥青防水卷材。

（1）主要辅助材料（即系统配套材料）

1）基层处理剂（俗称冷底子油）

为增强防水材料与基层之间的黏结力，在防水层施工前，预先涂刷在基层上的一种涂料。基层处理剂一般是以 100～200 号溶剂汽油稀释沥青或橡胶改性沥青制成。产品外观呈黑褐色的均匀液体，具有易涂刷、易渗透、易干燥的特点。主要技术要求见表 3-2。

基层处理剂技术要求　　　表 3-2

项　目	技术要求	
基料	沥青	橡胶改性沥青
沥青软化点（℃）	＞65	
固含量（%）	30±5	
干燥时间（h）	表面干燥不大于 2h	
适用范围	各类建（构）筑物防水工程	桥面防水工程以及对卷材与基层黏结力要求高的其他工程

2）橡胶沥青冷胶粘剂

橡胶沥青冷胶粘剂是一种以橡胶沥青为基料制成的均匀黏稠体，为溶剂型单组份即开即用型，可用于卷材与基层的冷黏结（条粘、点粘和满粘）、细部节点涂膜附加防水处理，也可现场掺入填充材料调制成膏状，用做接缝口和卷材终端收头的密封，主要技术要求见表 3-3。

橡胶改性沥青冷胶粘剂

表 3-3

指标 \ 型号	Ⅰ型	Ⅱ型
固体含量（%） ≥	50	
耐热度（℃） >	85	
低温柔度（℃）	—10～—5	—20～—15
黏结性（MPa） ≥	0.2	

3）改性沥青密封材料

系以沥青为基料，用适量的合成高分子聚合物进行改性；加以填充料和其他化学制剂配制而成的膏状材料。在本工法中主要用于卷材末端收头的密封和接缝口的密封，也可用于分割缝、变形缝的嵌缝，改性沥青密封膏物理力学性能应符合国家行业标准。主要物理力学性能见表 3-4。

改性沥青密封材料物理力学性能

表 3-4

项 目		技术指标	
		702	801
密度（g/cm³）		规定值±0.1	
施工度（mm） ≥		22.0	20.0
耐热性	温度（℃）	70	80
	下垂度（mm）≤	4.0	
低温柔性	温度（℃）	—20	—10
	黏结状况	无裂缝和剥离现象	
拉伸黏结性（%） ≥		125	

注：改性沥青密封膏（嵌缝油膏）有支装（亦称管装）和桶装（散装）两种。支装适用于卷材终端收头和边缘密封，也可用于嵌缝；桶装主要用于嵌缝。

4）相关的其他辅助材料及配件

① 附加防水层材料

专用于附加防水层的改性沥青卷材，用聚酯胎或玻纤胎浸涂

SBS 改性沥青，表面覆 PE 膜或细砂，厚度 3mm，宽 500mm；

改性沥青防水涂料，用于复杂细部附加防水处理以及卷材和涂膜复合防水系统。

② 背衬材料

泡沫塑料背衬棒材，用于控制密封材料的嵌填深度，防止密封材料的接缝底部黏结而设置的可变形材料。

③ 保护隔离层材料

聚乙烯泡沫板、聚苯乙烯板、纸胎沥青油毡和 PE 膜，分别用于立面和平面防水层的保护和隔离。

（2）防水系统基本构造

防水系统基本构造：一般防水系统应包括防水基层、细部节点附加防水层、主体防水层、收头及边缘密封、保护和隔离。有特殊功能的屋面工程，如：种植屋面、在防水层之上还有防根系层、排水层、过滤层等。

1）防水基层为卷材防水层的支撑层，一般防水基层是在混凝土结构表面刮抹的水泥砂浆找平层，也可为其他具备防水基层条件；

2）主体防水层，叠层和单层两种构造，叠层构造每层卷材厚度不小于 3mm，单层构造卷材厚度不小于 4mm；也可与改性沥青涂膜防水材料一起构成涂膜和卷材复合防水层；

3）附加防水层，设置的主要部位如下：

① 屋面工程：女儿墙、山墙、天沟、檐沟、出屋面管道根、压顶水落口以及阴阳角等；

② 地下及其他建（构）筑物：阴阳角及其立面与水平面的转角处、施工缝、变形缝、后浇带、穿墙管道根、预埋件以及突出水平面的相关细部。

4）卷材防水的部位主要有卷材搭接缝（俗称接缝口）、卷材末端收头以及附加防水层卷材周边和裁口。

5）保护隔离层，系指设置在防水层外表面，对防水层起保护和隔离作用的一个层次。

（3）施工准备工作

1）防水基层的准备

① 基层表面应抹平、坚实并充分干燥（干燥程度的简易检测方法：将 $1m^2$ 卷材平坦地干铺在找平层上，静置 3～4h 后掀开检查，找平层覆盖部位与卷材上未见水印），无空鼓、起砂、裂缝、松动、掉灰和凹凸不平；

② 表面平整，用 2m 长度直尺检查，直尺与基层平面的间隙不应大于 5mm，允许平缓变化，但每米长度内不得多于一处，表面无积水，排水坡度符合设计要求；

③ 基层与突出屋面结构（女儿墙、立墙、大窗壁、变形缝、烟囱等）的连接处、基层的转角处（水落口、檐口、天沟、檐沟、屋脊等）以及地下工程平面与立面交接处的阴阳角、管道根等，均应做成半径为 50mm 的圆弧或 45°折角；

④ 基层若有缺陷或积水、积雪等现象必须进行前期处理；

⑤ 基层经检查符合要求后，应进行彻底清理并清扫干净。

2）作业条件准备

① 天气条件：施工应在良好天气条件下进行，雨、雪、五级以上大风和低于－10℃的气候不宜施工，如工期需要应采取措施；

② 其他准备作业条件：包括材料（主材、辅材）、技术、劳动组织、施工机具、材料进场的复检等，均应按相关规范和施工方案要求作充分准备，施工准备也包括穿墙管道、设备、预埋件等的安装以及地下工程的降水，防水层完成后不允许在防水层上凿眼打洞。

（4）热熔法施工工艺流程

基层处理——涂刷基层处理剂——附加防水层的施工——卷材防水层的铺设和黏结（确定卷材铺贴方向，并在基层上弹基准线——确定卷材铺贴顺序和粘贴方式——进行热熔黏结卷材的操作）——卷材搭接缝的黏结和密封——卷材防水层终端收头的固定和密封——防水层的保护

1）涂刷基层处理剂

首先应用毛刷在细部、周边和拐角处防水基层上先行涂刷，然后在大面基层上涂刷，涂刷应均匀一致，切勿反复涂刷，基层处理剂应满涂，不得有漏涂（涂布量一般在 0.40kg/m^2），待基层处理剂干燥后（指触不粘）及时进行卷材铺贴。

2）附加防水层的施工

在铺设大面卷材防水层之前，应先按相关规范和设计要求进行细部节点部位附加防水层的施工。一般细部附加防水层为粘贴一层专用附加层卷材或采用与大面防水层相同品种的卷材，复杂细部节点附加防水层宜采用涂膜与卷材复合的构造做法。典型细部节点附加防水层构造做法分一般细部节点部位和复杂细部节点附加防水层构造做法。

3）一般细部节点部位附加防水层构造做法

如立面与平面转角处，阴阳角、天沟、檐沟、施工缝、后浇带等部位，均先粘贴一层卷材作附加防水层，转角和管根部位附加层卷材应不小于 500mm 宽，细部附加层卷材一般为满黏结于基层上（图 3-1）。应力集中部位如天沟、檐沟与屋面交结处附加层卷材宜空铺，空铺部位宽度应为 200mm（图 3-2）。地下室从底面折向立面的附加层卷材与永久性保护墙的接触部位应空铺

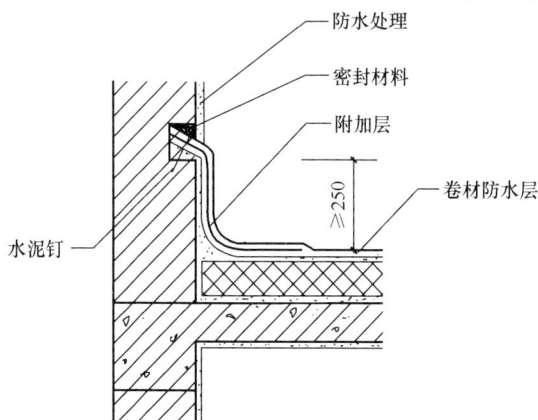

图 3-1　屋面转角处附加卷材满粘做法

（图 3-3），附加层卷材空铺时应注意卷材是松弛紧贴于基层上的，不得空鼓。

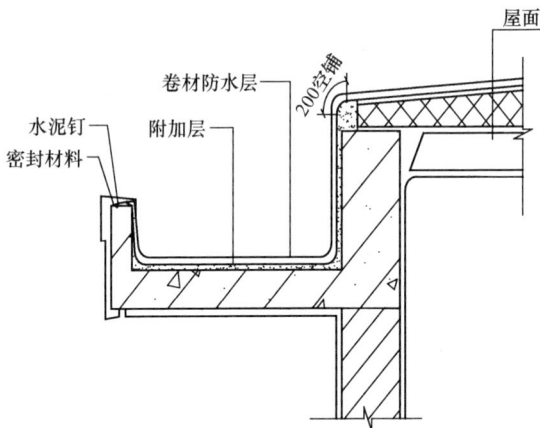

图 3-2 檐沟附加卷材满粘做法

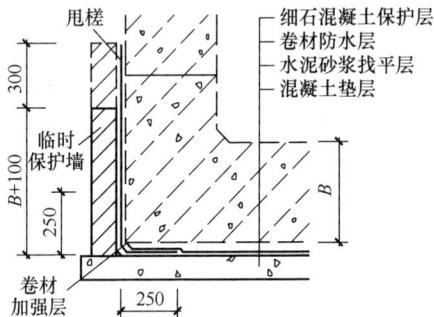

图 3-3 地下室附加层卷材空铺部位

4）复杂细部节点附加防水层构造做法

① 三面阴阳角部位

三面交接处阴阳角是变形比较敏感部位，又由于是三个面的交接处，卷材的施工比较复杂、烦琐，宜采用涂膜和卷材复合的附加防水构造并精心处理。采用复合做法时应先在附加层区域距角 100mm 处涂抹橡胶沥青防水密封涂膜材料，再按图 3-4（阴

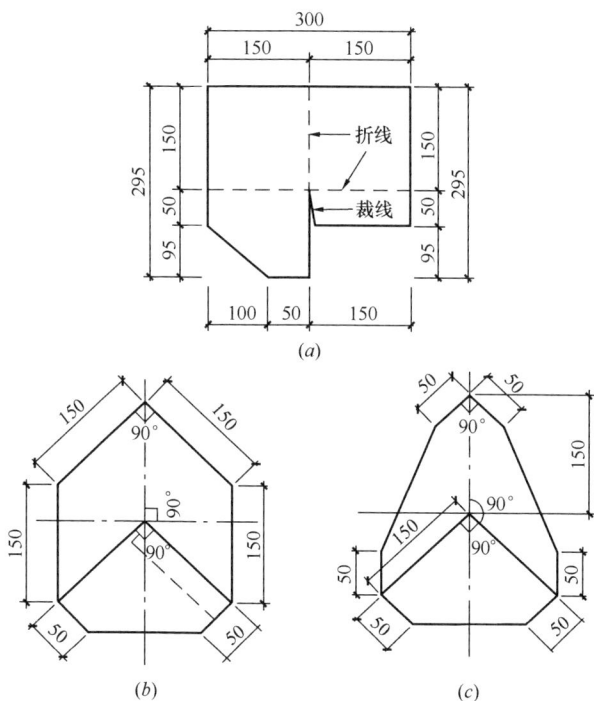

图 3-4 阴角附加卷材裁剪图

(a) 阴角折裁图；(b) 阴角组体图；(c) 阴角成型图

角）和图 3-5（阳角）裁剪卷材，先将大片附加层卷材热熔法粘贴于基层，压实粘牢后再粘贴小片附加层卷材，附加层卷材边缘挤出沥青，裁口处做密封处理。采用细砂覆面卷材做附加防水层时，涂膜材料也可涂抹在附加层卷材之上。

② 伸出屋面管道和地下穿墙管道的附加防水处理

找平层抹成圆角并高出屋面找平层约 30mm，宜在管道根部与找平层之间预留 20mm×20mm 凹槽，槽内嵌填密封材料。按图 3-6 所示裁剪卷材。按图 3-6（a）进行裁剪再按图 3-6（b）施工。

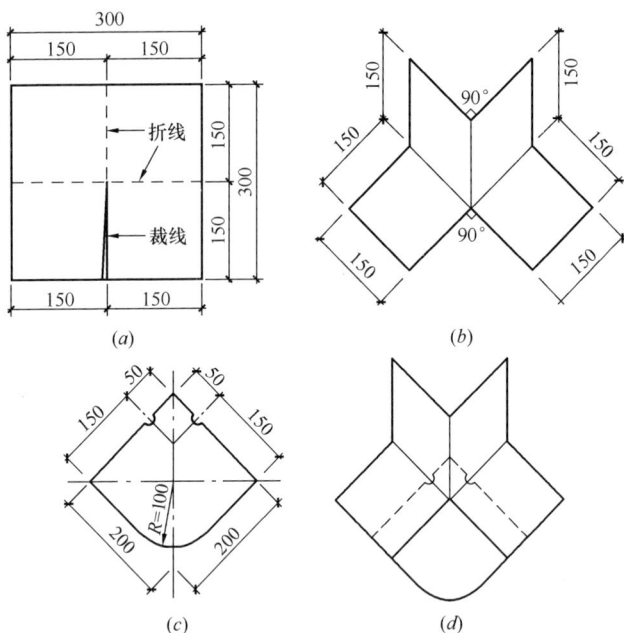

图 3-5　阳角附加卷材裁剪图

(a) 阳角折裁图；(b) 阳角折式图；(c) 阳角附加图；(d) 阳角组体图

③ 水落口的附加防水处理

水落口分为直式和横式两种，无论哪种水落口其周围 500mm 范围内坡度均不小于 5%。该部位亦是容易封闭不严的，应遵循多道设防原则。宜先在水落口杯与基层交接片预留宽 $20mm \times 20mm$ 深 20mm 凹槽，槽内嵌填密封材料。附加防水层采用涂膜和卷材复合做法，即先在附加层区域涂抹冷胶粘剂（干燥后涂膜厚度不小于 2mm），然后热熔粘贴卷材附加层，涂膜附加防水设在卷材附加层之上，在铺贴大面防水层之前进行。如特别难处理也可单独做涂膜附加防水处理，单独采用涂膜附加防水处理时，干涂膜厚度应不小于 3mm。水落口卷材附加层裁剪与粘贴方法，与管道大体相同见图 3-6。横式水落口防水做法见图 3-7，直式水落口防水做法见图 3-8。

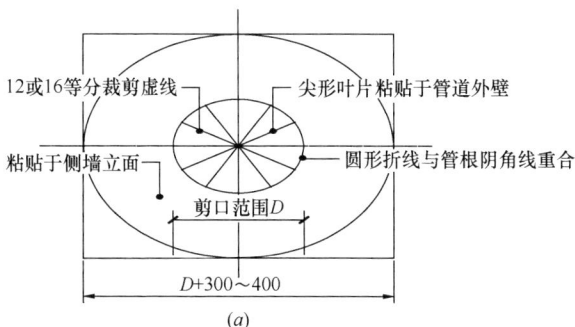

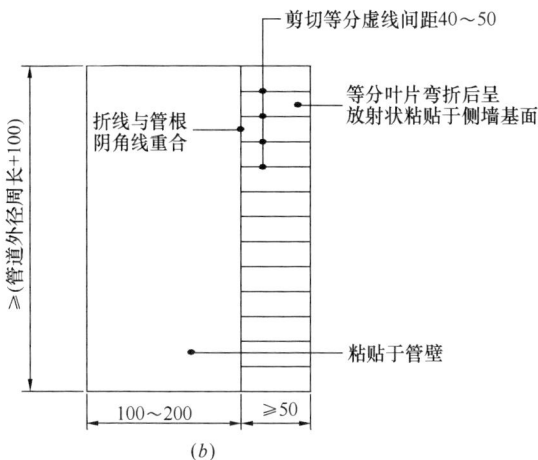

图 3-6　伸出屋面管道附加层裁剪方法

④ 变形缝的附加防水处理

屋面工程变形缝有等跨变形缝和高低跨变形缝两种，均在变形缝处空铺一层卷材附加层，但一侧或两侧边缘需与基层粘结，为使其在变形缝处有一定的变形量，附加层卷材在变形缝处呈"〜〜"形。变形缝宽度超过 20mm 时，宜在缝中填塞厚度略大于缝宽的聚苯乙烯板或其他可做填充的材料，附加卷材"〜〜"形弯处放置 PE 泡沫棒，再用卷材封盖。也可先放置 PE 泡沫棒，再铺设附加层卷材，附加层卷材在变形缝处呈 Π 型。典型变形缝防水构造做法见图 3-9 和图 3-10。

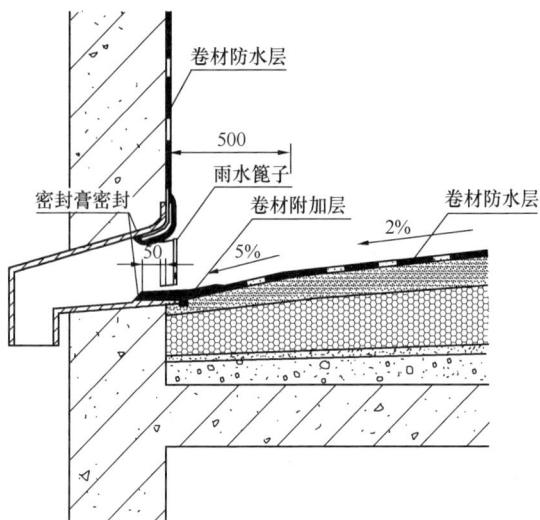

图 3-7　横式水落口防水做法

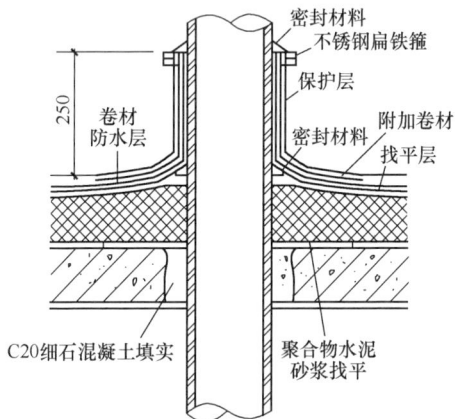

图 3-8　直式水落口防水做法

　　地下工程变形缝的防水措施，应按《地下工程防水技术规范》GB 50108—2008 规范的要求采用复合防水构造形式进行处理，也可按设计或施工方案要求的构造形式进行处理。典型的中埋式止水带与外贴附加防水卷材复合做法见图 3-11，在变形缝

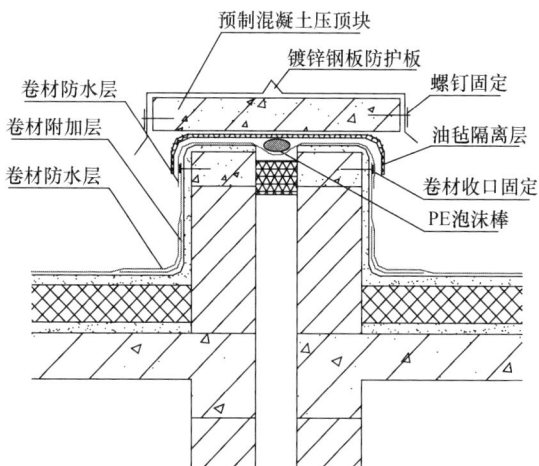

图 3-9　等跨变形缝防水做法

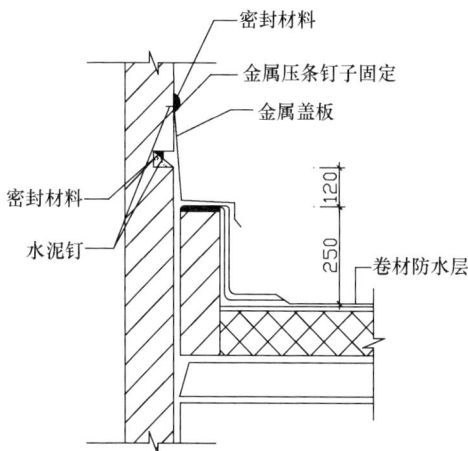

图 3-10　高低跨变形缝防水做法

部位采取金属承压板和外贴附加防水卷材做法见图 3-12。

　5）卷材防水层的铺设和黏结

　　细部节点附加层卷材粘贴完成并经检查质量合格后，即可进行主体防水层卷材的铺设和粘贴。

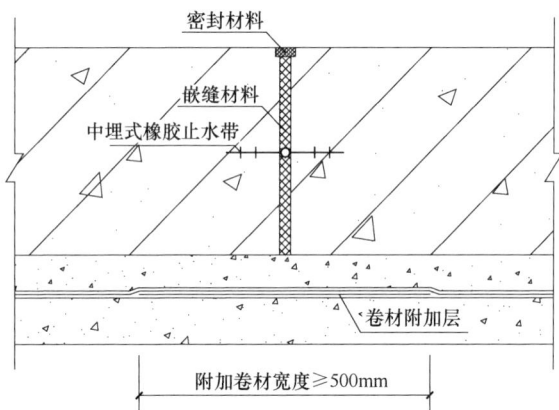

图 3-11 中埋式止水带与外贴附加防水卷材复合做法

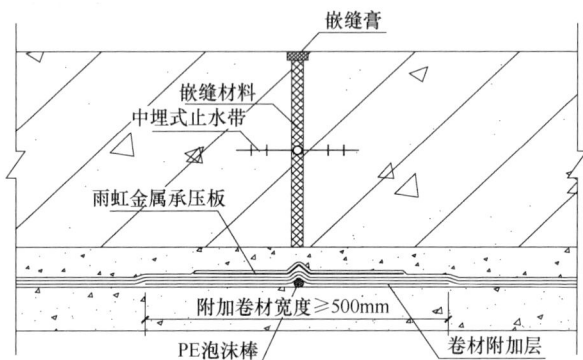

图 3-12 金属承压板与外贴附加防水卷材复合做法

① 确定卷材铺贴方向，并在基层上弹基准线

A. 屋面工程卷材铺贴方向，应根据屋面坡度方向而定：

坡度<3%，卷材平行于屋脊方向；坡度 3%～15%，卷材可平行于屋脊，也可垂直于屋脊方向；坡度>15%，卷材垂直于屋脊方向。当卷材平行于屋脊方向铺贴时，搭接缝顺流水方向，垂直于屋脊方向时搭接缝应顺主导风向。

B. 地下工程防水层铺贴方向依实际情况而定，一般情况下应考虑平面卷材折向立墙后，卷材长边方向与平面垂直。

② 卷材铺贴顺序和粘贴方式

A. 铺贴顺序

屋面工程：高低跨相毗邻时，先做高跨，后做低跨，同等高度的屋面先远后近，同一平面内先铺雨水口、管道、伸缩缝、女儿墙转角等细部，然后从屋面较低处开始铺贴。

地下工程：地下全外包防水工程采用外防外贴法时，应先作水平面，后作立面，两面交角处交叉进行；采用外防内贴法时，应先作立面后作平面；垂直立面交角时，先作转角后作平面。

B. 卷材不同部位的粘贴方式

卷材与基层：暴露式非上人平屋面或小坡的屋面卷材与基层宜采用条粘或点粘，尤其屋面是温差变化较大的地区，但屋面周边 800mm 范围内应满粘，立面或大坡面的卷材与基层应采用满粘。条粘和点粘的面积应根据屋面条件确定，平屋面黏结面积应不小于 30%，坡屋面黏结面积不小于 70%；采用聚酯胎卷材条粘或点粘时，在距短边搭接缝 0.5m 范围内应满黏结，上人屋面或卷材防水层上有重物覆盖以及基层变形较大时，应优先采用空铺法，但距周边 800mm 范围内满粘；地下工程的底板卷材宜空铺，也可条粘或点粘，立面和大坡面部位的卷材与基层应满粘。卷材与基层采用满粘法施工时，找平层的分格缝处宜空铺，空铺宽度宜为 100mm。

卷材与卷材采用叠层防水构造以及在附加防水层上铺贴卷材时，卷材之间满粘并黏结紧密。

卷材搭接缝：应满粘。

附加层卷材的粘贴：一般部位附加层卷材与基层应满粘，应力集中部位空铺，如变形缝、天沟和檐沟与屋面交角处、地下室从底面折向立面的卷材与永久性保护墙的接触部位以及类似的其他应力集中部位。

③ 热熔黏结卷材的操作：

A. 热熔法铺贴防水层卷材时，卷材应剪成相应尺寸铺设在预先涂布过基层处理剂的基层表面上，确定铺设的具体位置后再卷材起，点燃加热器先把卷材末端粘贴固定在基层上，然后对准卷材与基层交接处的夹角（图3-13）烘烤卷材底面沥青层及基层，加热要均匀，喷嘴距交界处约300mm往返加热。趁沥青涂盖层呈熔融状态时，边烘烤边向前缓慢地滚铺卷材使其黏结到基层上，随后用轧辊压实排除空气并使其黏结紧密。热熔法施工时应注意一直保持热熔面有溶胶溢出，溶胶溢出处溶胶应冒小气泡。

叠层防水构造，粘贴第二层卷材时，在烘烤上层卷材底面沥青层的同时，烘烤下一层卷材上表面沥青层，重复第一层操作过程进行黏结。第二层卷材的接缝应与第一层卷材错开1/3~1/2幅宽，且两层卷材不得相互垂直铺设。

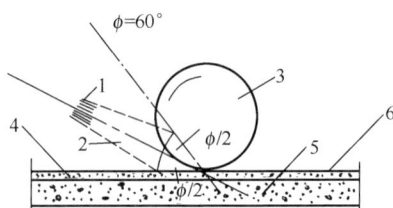

图3-13　热熔卷材火焰与基层平面的相对位置

1—喷嘴；2—火焰；3—成卷的卷材；4—水泥
砂浆找平层；5—混凝土垫层；6—卷材防水层

B. 满粘法、条粘法和点粘法操作

满粘法（简称全粘）用喷灯或喷枪由卷材横向的一边向另一边缓慢移动，均匀烘烤卷材所有部位，使其表面沥青全部呈熔融状态，以达到卷材与基层或卷材与卷材的全黏结。

条粘法：卷材与基层采用条状黏结时，每幅卷材与基层的黏结面积不小于两条，每条宽度根据确定的黏结面积而定，一般平屋面工程每条宽度不小于150mm。

点粘法：卷材与基层采用点状黏结时，每平方米黏结不小于5个点，平屋面工程每个点面积为100mm×100mm，对有坡度的屋面工程应增加点粘面积。

④ 卷材搭接缝的黏结和密封

A. 卷材搭接宽度应符合相关技术规范和质量验收规范要求，特别重要或对搭接有特殊要求时，接缝宽度按设计要求。一般搭接宽度的规定见表 3-5。

卷材搭接宽度（单位：mm）　　　　　表 3-5

施工部位	短边搭接		长边搭接	
	满粘	空铺、条粘、点粘	满粘	空铺、条粘、点粘
屋面工程	80	100	80	100
地下工程	100			

B. 卷材搭接方向：平屋面卷材搭接方向一般为后铺卷材盖在前铺卷材之上；坡度为 3%～5% 的屋面和坡度>15% 的屋面，卷材垂直于屋脊铺贴时，搭接方向为后层在前层之上；地下工程铺贴立面卷材时，卷材接茬处为上层卷材搭在下层卷材上，搭接长度应为 150mm；当使用两层卷材时，卷材应错茬接缝，上层卷材盖过下层卷材（见图 3-14）；桥面防水工程卷材的搭接为有坡度的桥面卷材顺水流方向搭接，无坡度的桥面卷材顺行车方向搭接。

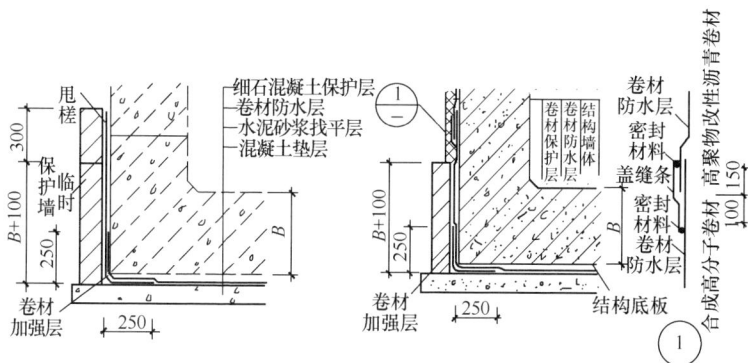

图 3-14　地下工程的甩茬、接茬做法

C. 单独热熔处理搭接缝的操作：铺贴大面卷材时搭接边不黏结，单独进行搭接缝的黏结时，是将卷材搭接缝处用专门的热熔燃具加热搭接缝的上片底面和下片上表面的沥青层，当沥青呈熔融状态时立即粘贴，并随即用手持式压辊由内向外轻轻滚压，以边挤出宽度 5～10mm 沥青条为合格，如图 3-15 所示。

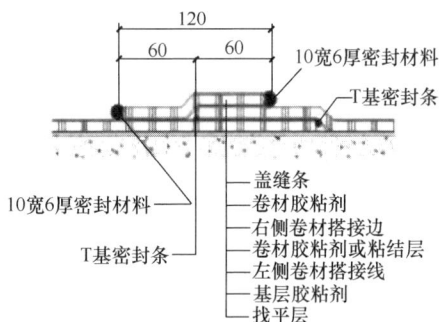

图 3-15　单独热熔处理搭接缝

对于卷材上表面覆盖材料为矿物粒料或片料时，应先将搭接缝下片卷材表面的覆盖层热熔后铲掉，再将搭接缝上片卷材表面沥青层烘烤至熔融状态与下片卷材黏结。

D. 接缝口的密封处理：国家屋面工程及地下防水工程质量规范，均要求对卷材接缝口应用密封材料封严，所以在热熔处理搭接缝操作中未挤出宽度 5～10mm 沥青密封条的部位，必须进行返工处理。

对于矿物粒料或片料覆面材料的卷材，由于搭接时去除下层卷材沥青层，所以接缝口应用密封材料进行封闭，密封宽度不小于 10mm。

三层重叠处最不容易压严，应用密封材料加以填封。单独热熔三层重叠处做法如图 3-16 所示。

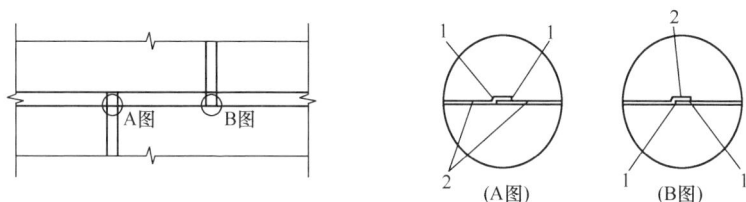

图 3-16　单独热熔三层重叠处做法

⑤ 卷材防水层终端收头的固定和密封

A. 屋面工程在混凝土立面女儿墙上收头时，可将卷材粘贴在立墙上后，用金属压条和水泥钉钉压，卷材上口用密封材料封严，上面再用金属或合成高分子盖板保护如图 3-17 所示，女儿墙较低时可将卷材直接铺贴到女儿墙顶部。无组织排水屋面的卷材在平面凹槽收头，具体做法是抹找平层时，离开檐口 100mm 抹出 40×20mm 的梯形凹槽，将卷材收头压入凹槽，再用压条和水泥钉钉压，上面用密封材料封严如图 3-18 所示。当女儿墙较低时，可将卷材直接贴到女儿墙顶部，上面用压钉埋压。

B. 地下工程混凝土立墙卷材防水层终端收头时，将满粘于立墙卷材的终端，用金属压条和水泥钉钉压，即机械固定法，卷材上口用密封材料封严，如图 3-19 所示。

C. 伸出屋面管道和地下穿墙管道，卷材防水层终端收头处理，均为将防水层收头处用金属箍箍紧，并用密封材料封严，如图 3-20 和图 3-21 所示。

（5）防水层的保护

1）防水层完成并经检验合格后，应立即进行保护层的施工，对不能及时作保护层施工时，也应采取临时保护措施。

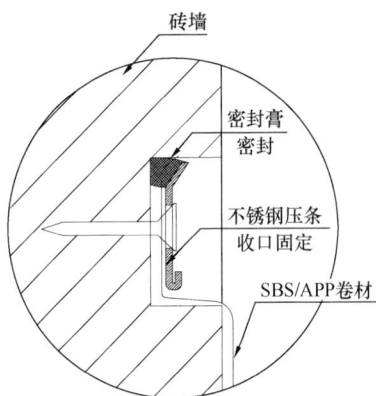

图 3-17　卷材凹槽收头做法

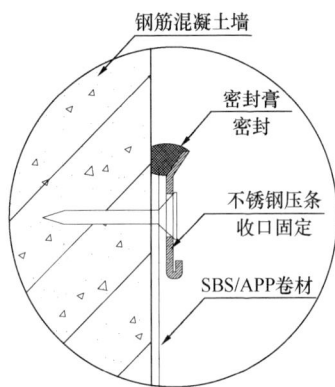

图 3-18　卷材平立面收头做法

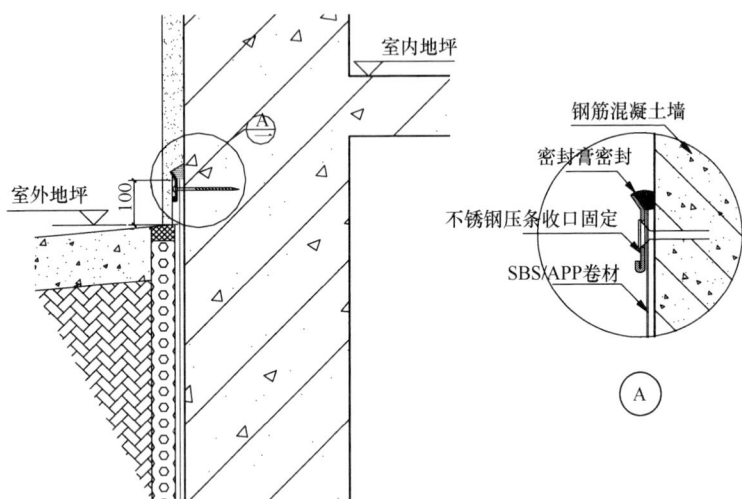

图 3-19　地下室立墙卷材收头做法

2）采用水泥砂浆、块材料或细石混凝土作保护层时，保护层与防水层之间应设置隔离层，隔离层可铺设纸胎沥青油毡、聚乙烯膜等。

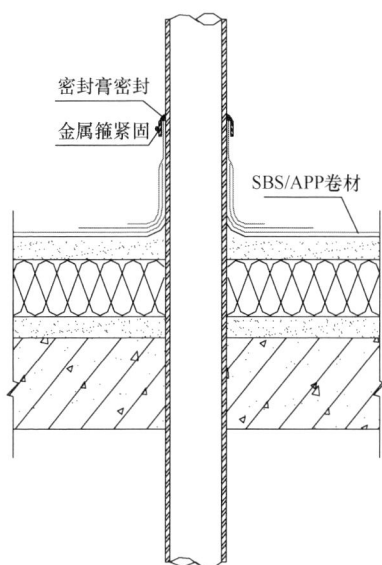

图 3-20 出屋面管道防水做法

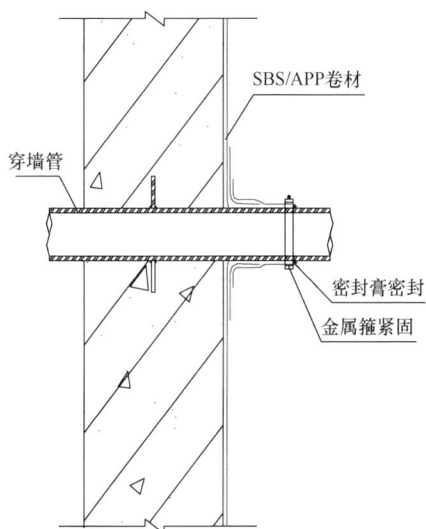

图 3-21 地下穿墙管防水做法

3）暴露屋面防水工程的保护层，如外露防水卷材为矿物粒料或片料作覆面材料时，可不另作保护层，如防水卷材表面为细砂、PE 膜时，必须作保护层，做法如下：

① 铺设页岩片或砂粒，施工时随刮涂冷沥青玛蹄脂随铺撒散装保护材料，空铺撒均匀不得有未被覆盖的部位，且黏结牢固；

② 也可用水泥砂浆作保护层，表面应抹平压光并设置表面分隔缝；

③ 浅色涂料作保护层，表面应涂刷均匀，不得漏涂。

4）上人屋面防水工程保护层，按设计要进行。

5）地下防水工程防水层保护

① 底板采用细石混凝土保护时，厚度不小于 50mm；顶板采用细石混凝土保护时，厚度大于 70mm（与防水层之间设置隔离层）；

② 侧墙宜采用聚苯乙烯泡沫塑料做软保护，或砖砌保护墙（边砌边填实）和铺抹 30mm 厚水泥砂浆。

（6）安全要求

1）易燃性材料及辅助材料库和现场严禁烟火，并应配备适当灭火器材。

2）溶剂型基层处理剂未充分挥发前不得使用喷灯或热喷枪操作。操作时应保持火焰与卷材的喷距，严防火灾发生。

3）在大坡度屋面或挑檐等危险部位施工时，施工人员应系好安全带，四周应设防护措施。

2. 高聚物改性防水卷材冷粘法施工

（1）冷粘法施工要求

防水施工对天气要求高，严禁在雨天、雪天、和五级风及其以上等恶劣天气下进行防水施工；施工时气温不低于 5℃；

冷粘法施工，施工工具简单、便捷；

冷粘法必须选择与卷材配套的专用胶粘剂，以保证黏结强度和卷材搭接缝部位粘接的耐久性；

施工前需测试基层含水率；

施工中需注意特殊部位，如变形缝、阴阳角、檐口等部位的处理及端头的密封，细部的铺贴质量是渗漏水缺陷的重要影响因素之一。

（2）适用范围

地下钢筋混凝土基础底板、外墙及屋面的防水施工。地下底板和外墙通常采用单层卷材铺贴，屋面通常采用双层卷材铺贴。

（3）工艺原理

冷粘法是采用与卷材配套的专用冷胶粘剂粘铺卷材而无须加热的施工方法。施工时不需加热熬制沥青，从而减少了环境污染、改善了施工条件，提高了劳动效率，有利于安全生产，是一种很好的卷材铺贴工艺。

铺贴卷材，卷材与基层的粘贴方法可分为满粘法、条粘法、点粘法和空铺法等形式，通常满粘法，条粘法、条粘法、点粘法和空铺法适合于防水层上有重物覆盖或基层变形较大的场合。

（4）工艺流程及操作方法

1）施工工艺流程

混凝土基层处理→涂刷基层处理剂→附加层增强处理→涂刷基层胶粘剂及铺设卷材（单层或双层）→卷材搭接缝及收头处理→施工保护层。

2）操作方法

①混凝土基层处理

防水卷材施工前，基层表面平整坚实，均匀一致，无松动、起砂等缺陷；

基层表面平整度用 2m 长直尺检查，基面与直尺空隙最大不得超过 5mm，且空隙仅允许平缓变化。基层如有长度过大的表面缺陷，必须用掺有 801 胶（水泥：砂：801 胶＝1∶3∶0.2；801 胶占水泥重量的 15％左右）的水泥砂浆用 1∶3 水泥砂浆掺108 胶水（胶水占水泥重量的 15％）修补抹平；基层、墙面相连接的阴角、阳角要做成均匀一致、平整光滑的圆弧状，圆弧半径35～50mm，基层处理后表面应光滑平整。

铲除突出基层表面的异物、砂浆颗粒，尘土杂物清扫干净，并用高压空气吹扫干净；基层表面如有油污、铁锈等必须用溶剂、钢丝刷等予以清除干净，阴阳角、管道根部等特殊部位应仔细清理。

目视干燥、无残留水，基层含水率宜小于8%。当基层局部潮湿且面积不大时，可用喷灯烘烤，以促进水分的蒸发。

② 涂刷基层处理剂

基层处理剂的涂刷顺序为先立面（或斜面）后平面，使用与所选高分子防水卷材相配套的基层处理剂（双组份聚氨酯底胶或单组份聚氨脂涂膜）。

当搅拌均匀的混合物、涂刮防水基面时，应保持涂层与基层之间不露白、不见底、不留气泡，有利于提高与基层的黏接强度。

用油漆刷沾基层处理剂在阴角、管道根部等复杂部位均匀涂刷一遍。再以长把滚刷进行大面涂刷，要涂刷均匀，不得过厚或过薄，更不得漏涂露底。基层处理剂涂刷后要干燥4h以上（具体按厂家要求及根据天气情况），方可进行防水卷材的铺贴。现场施工底涂图片如图3-22所示。

图 3-22 卷材基层处理剂涂刷

③ 附加层增强处理

地下防水：在铺贴卷材之前，底板变形缝处、底板与外墙交接处、分格缝处及阴阳角部位均先进行卷材附加层施工，宽度符合设计及规范要求，底板变形缝处、分格缝处附加层用胶粘剂单边粘贴，以防拉裂整铺的卷材防水层。现场施工情况如图3-23所示。

图3-23 底板卷材附加层铺贴

屋面防水：根据不同屋面类型节点详图的要求，在阴阳角、分格缝、厂房间高低跨连接处、管根、水落口、天沟、檐沟、女儿墙根部等部位先做一层附加卷材层，附加卷材高度及宽度根据不同部位按施工图进行施工。现场施工情况如图3-24所示。

图3-24 屋面分格缝附加层铺贴

④ 地下防水卷材（单层）施工

底板采用点粘法（每平方米黏结不少于5点，每点面积为

100mm×100mm）铺贴卷材，外墙采用满粘法铺贴卷材。先铺贴底板卷材，与外墙相接处留出搭接头，待钢筋混凝土外墙浇筑完毕后，将接茬部位的各层卷材清理干净，如卷材有局部损伤，应及时进行修补再进行外墙卷材的铺贴。铺贴卷材所选用的胶粘剂应与卷材材性相容。分别在基层表面及卷材表面涂布基层胶粘剂。操作方法如下：

先将装胶粘剂的铁桶打开，用手持电动搅拌器或木棍将胶搅拌均匀，然后分别在基层表面及卷材表面进行涂刷。具体做法是将卷材展开平铺在干净的基层上，用长把滚刷沾满胶粘剂迅速而均匀地进行涂刷（接头处 10cm 内不涂胶），不得漏涂露底，不允许有凝聚胶块存在。基层的涂刷亦按上述方法进行，要注意不得在同一处反复涂刷，以免"咬"起底胶，形成凝胶，复杂部位滚刷不便施工，可用油漆刷涂刷。

涂刷胶粘剂后，需静置 10~20min，待胶膜基本干燥（以手感不粘手为准）时，将卷材用原纸筒芯重新卷起，两端平直，不得折皱，并防止粘上砂子或尘土等污物。

为了保证卷材铺贴搭接宽度、位置准确和长边平直，要求铺贴卷材之前应测放基准线。三元乙丙橡胶卷材的纵向及横向搭接长度均为 100mm，相邻两幅卷材的接缝应错开 1/3 幅宽。在转角及立面上，卷材应自下而上进行铺贴。每铺完一张卷材应立即用干净而松软的长把滚刷从卷材一端开始沿卷材横向用滚压一遍，以排除黏结层之间的空气，再用外包橡胶的铁压辊压实。在立面与平面的转角处，卷材的接缝应留在平面上，距立面不应小于 600mm。施工完成的地下防水如图 3-25 所示。

⑤ 屋面防水卷材（双层）施工

屋面防水卷材施工时，卷材与基层间、两道叠铺卷材间均采用满贴法铺贴，找平层的分格缝处采用空铺法铺贴。

根据屋面坡度和有无震动确定卷材铺贴方向，但合成高分子卷材铺贴时，多采用平行于屋脊的方向铺贴。平行屋脊铺贴施工方便；卷材主要搭接缝（长边接缝）顺水流方向，渗漏隐患少，

图 3-25　廊道防水层铺贴

施工速度快，接头少，省材料。同时应顺流水方向搭接。

卷材粘贴面涂胶：将卷材铺展在干净的基层上，用长把滚刷蘸厂家粘接胶水涂匀涂刷在卷材上，应留出搭接部位不涂胶。一般要求基层与卷材上涂刷的胶粘剂达到表干程度，通常间隔时间 10~30min，施工时可由指触不粘手时确定。胶粘剂涂刷应均匀，不露底，不堆积。

基层表面涂胶：在清理干净的基层面上，用长把滚刷蘸厂家胶水均匀涂刷，涂刷面不宜过大，然后晾胶。

卷材粘贴：在基层面及卷材粘贴面已涂刷好胶粘剂时，将卷材用 $\phi30mm$、长 1.5m 的圆心棒（圆木或塑料管）卷好，由二人抬至铺设端头，注意沿排线进行铺设，位置要正确，黏结固定端头，然后沿弹好的标准线向另一端铺贴，操作时卷材不要拉太紧，并注意方向沿标准线进行，以保证卷材搭接宽度。铺贴时，要注意卷材的搭接量，纵向及横向搭接长度均为 100mm，相邻两幅卷材的接缝应错开 1/3 幅宽。在转角及立面上，卷材应自下而上进行铺贴，并使卷材紧贴阴面压实。每铺完一张卷材，应用干净的滚刷从卷材的一端向另一端用力滚压一遍，以将空气排出。为使卷材黏结牢固，应用外包橡皮的铁辊再滚压一遍，不允许有气泡或折皱现象存在。

第二层卷材粘贴：第二层卷材应与第一层卷材错缝平行铺贴，接缝应错开 1/3 幅宽，两层卷材之间用黏结剂黏结，其他工艺同第一层卷材铺贴。施工完成的防水层如图 3-26 所示。

图 3-26　卷材铺贴

⑥ 卷材搭接缝及收头处理

地下防水：卷材搭接处需贴附加盖口条：将卷材裁成宽度为 100~120mm 的长条，分别在卷材条子上和接缝处两侧涂胶粘剂，待手触不粘手后，做补强附加盖条并沿卷材搭接处黏合牢固，然后用铁压辊压实，不得有气泡和翘边。盖口条粘贴前应弹墨线保证盖口条的顺直。凡卷材搭接处的沿缝，均填充聚氨酯膏密封，其宽度不应小于 10mm，填充时用油灰刀将密封膏嵌入缝内，嵌入缝的密封膏应密实、均匀，嵌缝后应及时用刮刀修整密封膏表面。卷材收头处理：卷材收头必须用聚氨酯密封膏封闭，封闭处固化后，在收头处再涂刷一层聚氨酯涂膜防水材料，在其尚未完全固化时，也可用 801 胶水泥砂浆（水泥：砂：801 胶 = 1：3：0.2）压缝封闭。

屋面防水：防止卷材剥落或渗水，卷材在阴阳角、高低跨错缝等末端收头部位用聚氨酯密封膏沿收头部位进行封闭，待聚氨酯固化后，用厚镀锌钢板压条固定，压条在车间加工成型，现场安装时用胀管螺丝按规定间距进行固定。另外，位于女儿墙立面部分的卷材外侧抹砂浆保护或涂刷防水涂料保护，如图 3-27 所示。

图 3-27　卷材收头保护及固定

⑦ 卷材保护

地下底板卷材防水层经检查质量合格后，平面虚铺一层石油沥青纸胎油毡作保护隔离层后浇筑 50mm 厚的 C20 细石混凝土保护层，如图 3-28 所示。立面及外墙粘贴泡沫塑料板保护。

图 3-28　底板卷材防水保护层施工

屋面防水层采用钢筋混凝土预制块及涂刷银色着色剂保护，如图 3-27 及图 3-29 所示。

图 3-29　屋面卷材着色剂保护

⑧ 屋面综合防水试验

屋面防水卷材铺设完毕后，在施工保护层前，应检验屋面有无渗漏和积水，排水系统是否通畅。在雨后或持续淋水 2h 以后进行。根据现场屋面的实际情况，有可能作蓄水检验的屋面，蓄水时间不少于 24h，水中掺入带颜色的水，以便观察，并做好防水试验记录，见表 3-6。

屋面淋水（蓄水）试验记录　　　　　　表 3-6

工程名称		屋面形式 （斜或平屋面）		
屋面防水等级		设防要求		
分项工程名称		分项施工时间		
施工单位				
项目经理		专业工长		
淋水（蓄水）部位	蓄水高度	2cm	淋蓄水时间	2h
质量验收规范规定	施工单位检查评定记录 （观察时间及次数）		监理（建设）单位验收记录	
《屋面工程质量验收规范》GB 50207—2012 规定：卷材防水层不得有渗漏和积水。				

70

施工单位 检查评定结果	项目专业质量检查员：　　　年　月　日
监理（建设）单位 验收结论	监理工程师： （建设单位项目专业技术负责人）　　年　月　日

（三）合成高分子材料施工

1. 合成高分子卷材冷粘法施工

（1）工艺流程

清理基层→涂刷基层处理剂→附加层处理→卷材表面涂胶（晾胶）→基层表面涂胶（晾胶）→卷材的粘结→排气压实→卷材接头黏结（晾胶）→压实→卷材末端收头及封边处理→做保护层。

（2）涂刷基层处理剂

施工前将验收合格的基层重新清扫干净，以免影响卷材与基层的黏结。基层处理剂一般是用低黏度聚氨酯涂膜防水材料，其配合比为甲料∶乙料∶二甲苯＝1∶1.5∶3，用电动搅拌器搅拌均匀，再用长把滚刷蘸满处理剂后均匀涂刷在基层表面，不得见白露底，待胶完全干燥后即可进行下一工序的施工。

（3）复杂部位增强处理

对于阴阳角、水落口、通气孔的根部等复杂部位，应先用聚氨酯涂膜防水材料或常温自硫化的丁基橡胶粘带进行增强处理。

（4）涂刷基层胶粘剂

先将氯丁橡胶系胶粘剂（或其他基层胶粘剂）的铁桶打开，用手持电动搅拌器搅拌均匀，即可进行涂刷基层胶粘剂。

1）在卷材表面上涂刷

先将卷材展开摊铺在平整、干净的基层上（靠近铺贴位置），用长柄滚刷蘸满胶粘剂，均匀涂刷在卷材的背面，不要刷得太薄而露底，也不得涂刷过多而聚胶。

还应注意，搭接缝部位处不得涂刷胶粘剂，此部位留作涂刷接缝粘胶作用。涂刷粘胶后，经静置 10～20min，待指触基本不粘手时，即可将卷材用纸筒芯卷好，就可进行铺贴。打卷时，要防止砂粒、尘土等异物混入。

应该指出，有些卷材如 LYX-603 氯化聚乙烯防水卷材，再涂刷胶粘剂后立即可以铺贴卷材，因此，在施工前要认真阅读厂商的产品说明书。

2）在基层表面上涂刷

① 用长柄滚刷蘸满胶粘剂，均匀涂刷在基层处理剂已基本干燥和洁净的表面上。涂刷时要均匀，切忌在一处反复涂刷，以免将底胶"咬起"。涂刷后，经过干燥 10～20min，指触基本不粘手时，即可铺贴卷材。

② 铺贴卷材：操作时，几个人将刷好基层胶粘剂的卷材抬起，翻过来，将一端粘贴在预订部位，然后沿着基准线铺展卷材。铺展时对卷材不要拉得过紧，而要在合适的状态下，每隔一米左右对基准线粘贴一下，以此顺序对线铺贴卷材。平面与立面先连的卷材，应由下开始向上铺贴，并使卷材紧贴阴面压实。

③ 排除空气和滚压，每当铺完一卷卷材后，应立即用松软的长把滚刷从卷材的一端开始朝卷材的横向顺序用力滚压一遍，彻底排除卷材与基层间的空气。

排除空气后，卷材平面部位可用外包橡胶的大压辊滚压，使其粘结牢固。

滚压时，应从中间向两侧移动，做到排气彻底。如有不能排除的气泡，也不要割破卷材排气，可用注射用的针头，扎入气泡处，排除空气后，用密封胶将针眼封闭，以免影响整体防水效果和美观。

④ 卷材接缝黏结：搭接缝是卷材防水工程的薄弱环节，必须精心施工。施工时，首先在搭接部位的上表面，顺边每隔 0.5～1m 处涂刷少量接缝胶粘剂，待其基本干燥后，将搭接部位的卷材翻开，先做临时固定。然后将配置好的接缝胶粘剂用油漆刷均匀涂刷在翻开的卷材搭接缝的两个粘结面上，涂胶量一般以 0.5～0.8kg/m³ 为宜。干燥 20～30min 指触手感不粘时，即可进行粘贴。粘贴时应从一端开始，一边粘贴一边驱除空气，粘贴后要及时用手持压辊按顺序认真的滚压一遍，接缝处不允许有气泡或皱折存在。遇到三层重叠的接缝处，必须填充密封膏进行封闭，否则将成为渗水路线。

⑤ 卷材末端收头处理：为了防止卷材末端收头和搭接缝边缘的剥落或渗透，该部位必须用单组分氯磺化聚乙烯或聚氨酯密封膏封闭严密，并在末端收头出用掺有水泥用量 20% 的 108 胶水泥砂浆进行压缝处理。

2. 卷材自粘法施工

卷材自粘法施工是采用带有自粘胶的一种防水卷材，不需热加工，也不需涂刷胶粘剂，可直接实现防水卷材与基层粘结的一种操作工艺。实际上，这是冷粘法操作工艺的发展。

由于自粘型卷材的胶粘剂与卷材同时在工厂生产成型，因此质量可靠、施工简便、安全。更因自粘型卷材的粘结层较厚，有一定的徐变能力，适应基层变形的能力增强，且胶粘剂与卷材合二为一，同步老化，延长了使用寿命。

卷材自粘法施工的操作工艺中，清理基层、涂刷基层处理剂节点密封等与冷粘法相同。一般可以分为滚铺法、抬铺法以及搭接缝粘贴。

（1）滚铺法

施工时，不要打开整卷卷材，把卷材抬到待铺位置的开始端，并把卷材向前展开 500mm 左右。

由一人把开始端的 500mm 卷材拉起来，撕剥开始部分的隔离纸，将其折成条形，或撕断已剥部分的隔离纸。对准已弹好的粉线，轻轻摆铺。同时注意长短方向搭接再用手压实，待开始端的卷材固定后，撕剥端部隔离纸的工人把折好的隔离纸拉铺，如撕断则重新剥开。卷到已用过的包装纸芯筒上，随即缓缓剥开隔离纸，并向前移动。而抬卷材的两人，同时沿基准粉线向前滚铺卷材。

（2）抬铺法

当待铺部位较复杂，如天沟，泛水，阴阳角或有突出物的基面是，或由于屋面积较小以及隔离纸不易斯剥（如温度过高、储存保管不好等）时就可采用抬铺法施工。

抬铺法是先将要铺贴的卷材剪好，反铺于屋面平面上，待剥去全部隔离纸后，在铺贴卷材。首先应根据屋面形状考虑卷材搭接长度剪裁卷材，其次要认真撕剥隔离纸。撕剥时，已剥开的隔离纸宜与粘结面保持 45°～60°的锐角，防止拉断隔离。另外，剥纸后，使卷材的粘结胶面朝外，把卷材延长向对折。对折后，分别由两人从卷材的两端配合翻转卷材，翻转时，要一手拎住半幅卷材，另一手缓缓铺放另半幅卷材。在整个铺放过程中，各操作工人要用力均匀，配合默契，待卷材铺贴完成后，应与滚铺法一样，从中间向两边缘处排出空气后，再用压辊滚压，使其粘结牢固。

（3）搭接缝粘接

自粘性卷材上表面有一层防粘层。在铺贴卷材前，应将相邻卷材待搭接部位的上表面防粘层先融化掉，使搭接层能粘接牢固。操作时用手持汽油喷灯，沿搭接粉线熔烧搭接部位的防粘层。卷材搭接应在大面卷材排除空气并压实后进行。

粘结搭接缝时，应掀开搭接部位的卷材，用扁头热风枪加热搭接卷材底面的胶粘剂，并逐渐前移，另一人紧随其后，把加热后的搭接部位卷材用棉纱团从里向外排气，并抹压平整，最后一人则用手持压辊滚压搭接部位，使搭接缝紧实，加热时应控制好加热程度，其标准是经过压实后在搭接边的末端有胶粘剂稍稍外溢为度。

接缝处粘接密实后，所有搭接缝均应用密封材料封边，宽度不少于10mm，其涂封量可参照材料的有关规定。

3. 合成高分子卷材热风焊接法施工

目前国内用焊接法施工的合成高分子卷材有PVC（聚氯乙烯）防水卷材、PE（聚乙烯）防水卷材、TPO防水卷材。卷材的铺设与一般高分子卷材的铺设方法相同，其搭接缝采用焊接方法进行。焊接方法有两种：一种为热熔焊接（热风焊接），即采用热风焊枪，电加热产生热气体由焊嘴喷出，将卷材表面熔化达到焊接熔合；另一种是溶剂焊（冷焊），即采用溶剂（如四氢呋喃）进行接合。接缝方式也有搭接和对接两种。目前我国大部分采取热风焊接搭接法。

施工时，将卷材展开铺放在需铺贴的位置，按弹线位置调整对齐，搭接宽度应准确，铺放平整顺直，不得皱折，然后将卷材向后一半对折，这时使用滚刷在屋面基层和卷材底面均匀涂刷胶粘剂（搭接缝焊接部位切勿涂胶），不应漏涂露底，亦不应堆积过厚，根据环境温度、湿度和风力，待胶粘剂溶剂挥发手触不粘时，即可将卷材铺放在屋面基层上，并使用压辊压实，排出卷材底空气。另一半卷材，重复上述工艺将卷材铺粘。需进行机械固定的，则在搭接缝下幅卷材距边30mm处，按设计要求的间距用螺钉（带垫帽）钉于基层上，然后用上幅卷材覆盖焊接。

接缝焊接是该工艺的关键，在正式焊接卷材前，必须进行试焊，并进行剥离试验，以此来检查当时气候条件下焊接工具和焊接参数及工人操作水平，确保焊接质量。接缝焊接分为预先焊接和最后焊接。预先焊接是将搭接卷材掀起，焊嘴深入焊接搭接部分后半部，（一半搭接宽度），用焊枪一边加热卷材，一边立即用手持压辊充分压在接合面上使之压实，待后部焊好后，再焊前半部，此时焊接缝边应光滑并有熔浆溢出，并立即用手持压辊压实，排出搭接缝间气体。搭接缝焊接，先焊长边后焊短边。焊接前应先对接缝焊接面进行清洗，使之干燥。焊接时注意气温和湿度的变化，随时调整加热温度和焊接速度。在低温下（0℃以下）焊接时要注意卷材有否结冰和潮湿现象，如出现上述现象必须使之干净、干燥，所以在气温低于−5℃以下时施工是很难保证质量的。焊接时还必须注意焊缝处不得有漏焊、跳焊或焊接不牢（加温过低），也不得损害非焊接部位卷材。

4. 地下防水工程合成高分子卷材防水层的施工

适用于地下防水工程的合成高分子卷材，主要有三元乙丙橡胶防水卷材、氯化聚乙烯橡胶共混防水卷材、氯磺化聚乙烯防水卷材等，其主要技术性能指标和配套材料、辅助材料的要求同屋面工程。

本文以三元乙丙橡胶防水卷材为例，介绍使用与其配套的专用冷胶粘剂进行冷粘法施工的操作要点。

冷粘法施工可以满粘、条粘、点粘、空铺，通常底板垫层、混凝土平面部位的卷材宜采用点粘或空铺，其他部位应采用满粘法。

工艺流程：基层清理→涂刷基层处理剂→附加层施工→卷材与基层表面涂胶→卷材铺贴→卷材收头粘结→卷材接头密封→保护层施工。

（1）清理基层

防水层施工前，将已验收合格的基层表面清扫干净。不得有浮尘、杂物等影响防水层质量的缺陷。

（2）涂刷聚氨酯底胶

大面积涂刷前，用油漆刷蘸底胶，在阴阳角、管根等细部复杂部位均匀涂刷一遍聚氨酯底胶，然后用长把滚刷在大面积部位涂刷，涂刷底胶厚薄应一致，不得有漏刷、花白等现象。

（3）附加层施工

阴阳角、管根、落水口等部位必须先做附加层，可采用自钻性密封胶或聚氨酯涂膜，也可铺贴一层合成高分子防水卷材，并根据设计要求确定。

（4）卷材与基层表面涂胶

卷材表面涂胶：将卷材铺展在干净的基层上，用长把滚刷蘸LX-404 胶滚涂均匀。应留出搭接部位不涂胶，边头部位空出 100mm。

基层表面涂胶：已涂的底胶干燥后，在其表面涂刷 LX-404 胶，用长把滚刷蘸 CX-404 胶，不得在一处反复涂刷，防止粘起底胶或形成凝聚块，细部位置可用毛刷均匀涂刷，静置晾干即可铺贴卷材。

（5）卷材铺贴

卷材及基层已涂的胶基本干燥后（手触不粘，一般 20min 左右），即可进行铺贴卷材施工。卷材的层数、厚度应符合设计要求：

1）卷材长边及端头的搭接宽度，如空铺、点粘、条粘时，均为 100mm；满粘法均为 80mm，且端头接槎要错开 250mm。注意卷材配制时，应减少阴阳角处的接头。

2）铺贴平面与立面相连接的卷材应由下向上进行，使卷材紧贴阴阳角，铺展时对卷材不可拉得过紧，且不得有皱折、空鼓等现象。

3）排气，压实，末端收头及封边嵌固：

① 排气：每当铺完一卷卷材后，应立即用干净松软的长把滚刷从卷材的一端开始，朝卷材的横向顺序用力滚压一遍，以排除卷材粘结层间的空气。

② 压实：排除空气后，平面部位可用外包橡胶的长300mm，重 30kg 的铁辊滚压，使卷材与基层黏结牢固，垂直部位用手持压辊滚压。

③ 卷材末端收头及封边嵌固：为了防止卷材末端剥落，造成渗水，卷材末端收头必须用聚氨酯嵌缝膏或其他密封材料封闭。当密封材料固化后，表面再涂刷一层聚氨酯防水涂料，然后

压抹 108 胶水泥砂浆压缝封闭。

4）接缝

三元乙丙橡胶卷材搭接缝使用丁基胶粘剂 A、B 两个组分，按 1∶1 的比例配合搅拌均匀，用油漆刷均匀涂刷在翻开的卷材接头的两个粘结面上，静置干燥 20min，即可从一端开始粘合，操作时用手从里向外一边压合，一边排除空气，并用手持小铁压辊压实，边缘用聚氨酯嵌缝膏封闭。

（四）卷材防水施工常见质量缺陷及预防

1. 卷材防水屋面常见缺陷及其处理

卷材防水屋面是目前我国钢筋混凝土屋面防水的主要做法，适合于各种防水等级的屋面防水。它一般由结构层、找平层、隔汽层、保温找坡层、找平层、防水层、保护层组成。它常见的缺陷有卷材屋面开裂、起鼓、节点处理不规范等。

（1）卷材防水屋面开裂

1）原因分析

① 有规则的裂缝：主要是由于温度变化引起板端角变或地基不均匀沉降造成的；此外，还与卷材质量有关。这种裂缝多数发生在延伸率较低的沥青防水卷材中。

② 无规则裂缝：主要是由水泥砂浆找平层未设置分格缝或分格缝位置不当引起找平层不规则开裂，此时找平层的裂缝，与卷材开裂的位置、大小相对应。另外，如找平层强度不够、防水材料质量低劣，也会引起无规则裂缝。

2）处理方法

卷材屋面开裂后的处理方法——对于基层未开裂的无规则裂缝（老化龟裂除外），一般在开裂处补贴卷材即可。而对于有规则的裂缝，由于它在屋面完工后的若干年内正处于发生和发展阶段，只有逐年处理方能收效。处理方法有：

① 用盖缝条补缝：盖缝条可用卷材或镀锌铁皮制成，如

图 3-30 所示。补缝时按图 3-31 所示修补范围清理屋面，在裂缝处先嵌入防水油膏。卷材盖缝条应用相应的密封材料粘贴，周边要压实刮平。镀锌铁皮盖缝条应用钉子钉在找平层上，间距200mm 左右，两边再附贴一层宽 200mm 的卷材条。用盖缝条补缝，能适应屋面基层的伸缩变形，避免防水层再被拉裂，但盖缝条易被踩坏，故不适用于积灰严重、扫灰频繁的屋面。

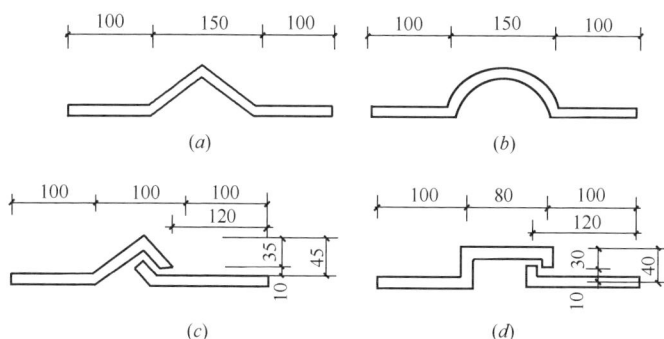

图 3-30　盖缝条

(a)、(b) 卷材盖缝条剖面；(c)、(d) 镀锌薄钢板盖缝条剖面

② 用防水油膏补缝：补缝用的油膏，目前采用的有聚氯乙烯胶泥和焦油麻丝两种。用聚氯乙烯胶泥时，应先切除裂缝两边宽各 50mm 的卷材和找平层，保证做到深度为 30mm，然后清理基层，热灌胶泥至高出屋面 5mm 以上。用焦油麻丝嵌缝时，先清理裂缝两边宽各为 50mm，再灌上油膏即可。油膏配合比（重量比）为焦油：麻丝：滑石粉＝100：15：60。

3）防治措施

① 有规则的裂缝

A. 在应力集中、基层变形缝较大的部位（如屋面板拼缝处等），先干铺一层卷材条作为缓冲层，使卷材能适应基层伸缩的变化；

B. 选用合格的、延伸率较大的高聚物改性沥青卷材或合成高分子防水卷材；

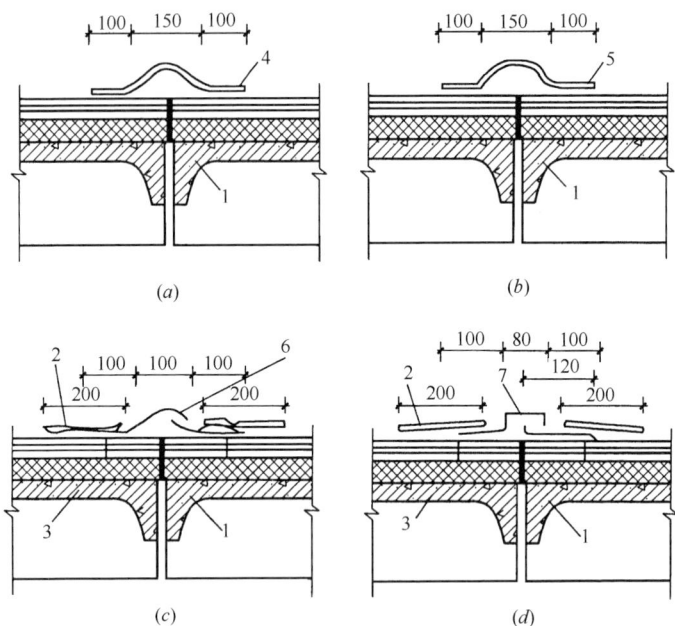

图 3-31 用盖缝条补缝

(a)三角形卷材盖缝条补缝；(b)圆弧形卷材盖缝条补缝
(c)三角形镀锌薄钢板盖缝条补缝；(d)企口形镀锌薄钢板盖缝条补缝
1—嵌油膏或灌热沥青；2—卷材盖边；3—钉子；4—三角形卷材盖缝
条上做保护层；5—圆弧形盖缝条上做保护层；6—三角形镀锌薄钢板盖
缝条；7—企口形镀锌薄钢板盖缝条

② 无规则裂缝

A. 确保找平层的配比计量准确、搅拌均匀、振捣密实、压光与养护等工序的质量。

B. 找平层宜留设分格缝，缝宽一般为 20mm，如为预制板，缝口设在预制板的拼缝处。采用水泥砂浆材料时，分格缝间距不宜大于 6m；采用沥青砂浆材料时，不宜大于 4m。分格缝处应设附加 200～300mm 宽的卷材，单边点贴覆盖。

（2）卷材鼓包（起鼓）

1）原因分析

第一种起鼓：卷材起鼓一般在施工后不久产生（在高温季节），鼓泡由小到大逐渐发展，小的直径约数 10mm，大的可达 200～300mm。在卷材防水层中粘结不实的部位，窝有水分，当其受到太阳照射或人工热源影响后，内部体积膨胀，造成起鼓，形成大小不等的鼓泡。鼓泡内呈蜂窝状，内部有冷凝水珠。

第二种起鼓：在卷材防水层施工中，由于铺贴时压实不紧，残留的空气未全部赶出而产生起鼓现象。

第三种起鼓：合成高分子防水卷材施工时，胶粘剂未充分干燥就急于铺贴卷材，溶剂残留在卷材内部，当溶剂挥发时就产生了起鼓现象。

第四种起鼓：屋面保温、找坡层材料含水率过大，产生水气引起卷材起鼓。

2）处理方法

屋面卷材起鼓后的处理方法——根据鼓包大小分别采用下列不同的办法：

100mm 以下的鼓包，可采用抽气灌油办法修补，即先在鼓包的两端用铁钻子钻眼，然后在鼓包中插入两个有孔眼的针管，一边抽气一边将粘合剂注入，注满后抽出针管压平卷材（压上数块砖块，几天后移去），将针眼涂上粘合剂封闭。

100～300mm 左右鼓包可采用"十字开刀法"进行修补，如图 3-32 所示。先按用刀将鼓包按十字形割开，撕开卷材，放出鼓包内的气体，用喷灯把卷材内部吹干。然后按顺序把旧卷材分片重新粘贴好，再新贴一块卷材（其边长比开刀范围大 50mm 以上），压入卷材下，最后铺贴卷材，四边以及覆盖层高起部分用铁熨斗压平。

较大鼓包，则要采用割补方法，如图 3-33 所示。其基本原理类似"十字开刀法"，依次粘贴好旧卷材 1～3，上铺一层新卷材（四周与旧卷材搭接大于 50mm），然后粘贴旧卷材 4，再在上

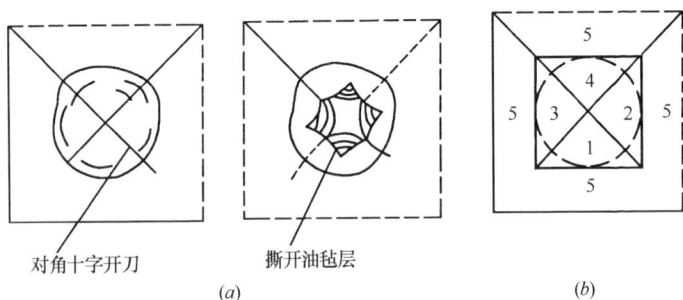

图 3-32 "十字开刀法"修补鼓包示意图

(a) 对角十字开刀并撕开油毡层;(b) 粘贴新卷材修补开刀油毡层

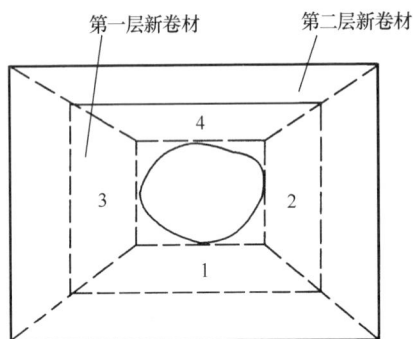

图 3-33 "割补法"修补鼓包示意图

面粘贴一层新卷材(其边长比第一层新卷材大 100mm 以上),周边熨平压实,

当屋面起鼓过多,无采用"割补"方法处理的价值时,则需将卷材层全部铲除,采用新型防水材料重做防水层。

3)防治措施

① 第一种起鼓

A. 找平层平整、清洁、干燥,基层粘合剂应涂刷均匀,这是防止卷材起鼓的主要技术措施。

B. 原材料在运输和贮存过程中,应避免水分浸入,尤其要防止卷材受潮。卷材铺贴应先高后低（同一施工面上应该先低后高）、先远后近，分区段流水施工，并注意掌握天气预报，连续作业，一气呵成。

C. 不得在雨天、大雾、大风天施工，防止基层受潮；当屋面基层干燥有困难，而又急需铺贴卷材时，可采用排汽屋面作法；但在外露单层的防水卷材中，则不宜采用。

② 第二种起鼓

A. 基层应平整；沥青防水卷材施工前，应先将卷材表面清理干净；铺贴卷材时，基层粘合剂应涂刷均匀，并认真做好卷材压实工作，以增强卷材与基层的粘结力。

B. 高聚物改性沥青防水卷材施工时，火焰加热要均匀、充分、适度；在铺贴时要趁热向前推滚，并用压辊滚压，排除卷材下面的残留空气，压好缝边。

③ 第三种起鼓

合成高分子防水卷材采用冷粘法铺贴时，涂刷胶粘剂应做到均匀一致，待胶粘剂手感（指触）不粘结时，才能铺贴并压实卷材。特别要防止胶粘剂堆积过厚，干燥不足而造成卷材的起鼓。

④ 第四种起鼓

设置排气道，在找平层分格缝交叉处做排气管道（管道出屋面 300mm，上面安防水帽），并按照出屋面管道做好节点处理。

（3）天沟、雨水口、管道出屋面处漏水

1）原因分析

① 天沟纵向找坡太小（如小于 5‰），甚至有倒坡现象（雨水斗高于天沟面）；天沟堵塞，排水不畅。

② 雨水口的短管没有紧贴基层。

③ 雨水口、管道四周防水涂层及嵌缝材料施工不良、粘贴不密实，密封不严，或附加防水层标准太低。

④ 由于震动等种种原因，防水层及嵌缝材料延伸性不够好，而被拉裂或拉脱。

⑤ 使用管理和维修不善。

2）处理方法

① 将天沟处卷材掀开，凿掉天沟找坡层，拉线找坡，重抹 1：2.5 水泥砂浆找平层，按照标准要求铺贴卷材。

② 铲除雨水口、出屋面管道的旧防水层，挖出旧嵌缝材料。

③ 清理干净后，刮填嵌缝材料，表面做卷材附加层，之后做防水层。

3）防治措施

①天沟应按设计要求拉线找坡，纵向坡度不得小于 5‰，在水落口周围直径 500mm 范围内不应小于 5％，并应用防水涂料或密封材料涂封，其厚度不应小于 2mm。雨水口与基层接触处应留 20mm×20mm 凹槽，嵌填密封材料。

② 雨水口应比天沟周围低 20mm，安放时应紧贴于基层上，便于上部做附加防水层。

③ 雨水口的短管与基层接触部位，除用密封材料封严外，还应按设计要求做卷材附加层。施工后应及时加设雨水罩予以保护，防止建筑垃圾及树叶等杂物堵塞。

④ 管道四周嵌填密封材料，上部做附加防水层。

（4）檐口漏水

1）原因分析

① 檐口泛水处卷材与基层粘结不牢；檐口处收头密封不严。

② 檐口砂浆未压住卷材，封口处卷材张口、檐口处砂浆开裂以及下口滴水线未做好。

2）处理方法

① 清除原有的防水卷材及密封材料。

② 重铺防水卷材，用密封材料将卷材末端收头和搭接缝封闭严密，并在末端收头用防水砂浆（金属条）进行压缝处理。

③ 重抹檐口水泥砂浆及滴水线。

3）防治措施

① 铺贴泛水处的卷材应采取满粘法工艺，确保卷材与基层粘结牢固。如基层潮湿而又急需施工时，则宜用"热沥青粘起二至三遍"作法，及时将基层中多余潮气予以排除。

② 檐口（沟）处卷材密封固定的方法有：当为无组织排水檐口时，檐口 800mm 范围内卷材应采取满粘法，卷材收头应固定密封；当为砖砌女儿墙时，卷材收头可直接铺压在女儿墙的压顶下，压顶应做防水处理；也可在砖墙上留凹槽，卷材收头压入槽内固定密封，凹槽距基层最低高度不应小于 250mm，同时凹槽的上部亦应做防水处理。另一种是混凝土女儿墙，此时卷材收头可用金属压条钉压，并用密封材料封固。

（5）女儿墙推裂渗漏

1）原因分析

① 找平层未与山墙留设伸缩缝，受温度影响产生水平推力，致使女儿墙向外位移出现裂缝，并导致渗漏。

② 女儿墙压顶用水泥砂浆抹面，由于温度差和干缩变形，使压顶出现横向裂缝（甚至是贯通裂缝），引起渗漏。

2）处理方法

① 找平层未与山墙留设伸缩缝时，应沿女儿墙裂缝处将找平层切开宽大于 20mm 的伸缩缝（缝深延至结构层表面），用密封材料填缝，上面用卷材修补裂缝，女儿墙外墙部位破损、脱落处，将其凿掉，按照原外墙装饰修补。

② 女儿墙压顶开裂，采用 SBS 改性沥青等防水卷材在压顶上铺贴一层，其宽度要大于压顶 50mm，接缝处用密封材料嵌缝严密。

3）防治措施

① 找平层与女儿墙处应留设伸缩缝（缝深延至结构层），宽大于 20mm，并用密封材料填缝。

② 为了避免压顶开裂，抹面用的水泥砂浆水灰比要小，卷材防水收头可直接铺压在压顶下，并在压顶上做防水处理。

（6）卷材防水层材料失效或大面积渗漏

1）原因分析

①材料质量低劣。

②找平层强度不够或起砂现象严重，致使防水层与找平层剥离引起渗漏。

③施工人员素质低，未按施工规范要求进行施工，造成防水层质量低劣引起渗漏。

④成品保护不好，使防水层多处破损并未处理或处理的不到位，引起渗漏。

2）处理方法

这种情况应该将防水层清除（找平层有问题应该重做），重新选材按照规范做防水层。

3）防治措施

①选择优质的防水材料。

②保证找平层的强度、平整度且无起砂现象，按要求留设分格缝。

③使用素质高的人员进行施工，并做好成品保护。

2. 地下防水工程卷材施工常见缺陷及其处理

地下防水工程卷材防水层转角部位渗漏

1）原因分析

地下室卷材防水层采用外防外贴法时，地下室主体结构施工后，在转角部位出现渗漏。其原因如下：

①在地下室转角部位，卷材未能按转角轮廓铺贴严实，后浇主体结构时，此处卷材遭到破坏。

②所用的卷材韧性不好，转角处操作不便，铺贴时出现裂纹，不能保证防水层的整体严密性。

③转角处未按有关要求增设卷材附加层。

2）处理方法

当转角部位出现粘贴不牢或卷材遭到破坏时，将此处的卷材撕开，并根据不同卷材的品种，将卷材逐层搭接补好。如为改性沥青卷材时，则可灌入热塑性聚氯乙烯胶泥，用喷灯烘烤后，逐层补好。

3）预防措施

① 基层转角处应做成圆弧形或钝角。

② 选用强度高．延伸率大．韧性好的防水材料，认真施工，做好防水附加层。

四、涂膜防水施工

（一）涂膜防水施工常用机具

涂膜防水施工常用机具见表 4-1。实际操作时，所需机具、工具的数量和品种可根据工程情况及施工组织调整。

涂膜防水施工机具及用途   表 4-1

序号	工具名称	图示	用途
1	小平铲（腻子刀、油灰刀）		有软硬两种，软性适合调制弹性密封膏，硬性适用于清理基层
2	棕扫帚		用于清理基层、油毡面等
3	钢丝刷		用于清理基层灰浆
4	滚动刷		用于滚刷涂料

续表

序号	工具名称	图示	用途
5	油漆刷	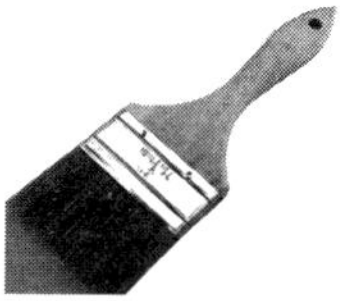	用于涂刷涂料
6	磅秤、台秤等	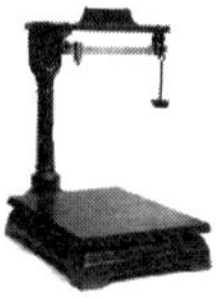	用于各种材料计量
7	刮板	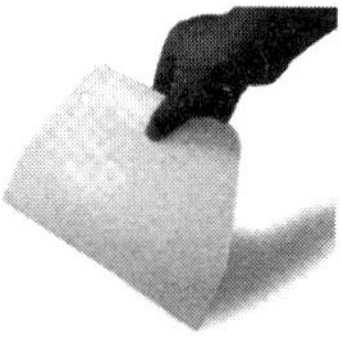	用于刮涂混合料
8	电动搅拌器	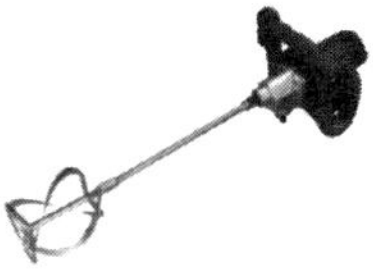	用于搅拌涂料
9	喷涂机	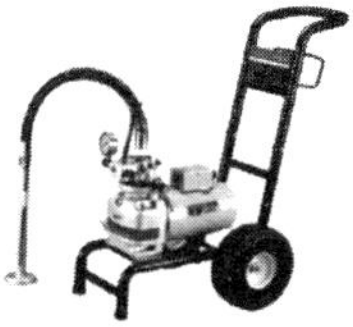	根据涂料黏度选用
10	卷尺	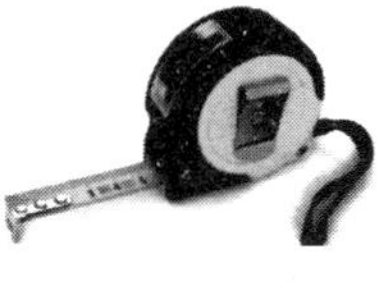	测量、检查

（二）涂膜防水施工技术

1. 高聚物改性沥青防水涂料施工

（1）氯丁胶乳沥青防水涂料施工

1）材料及用量

氯丁胶乳沥青防水涂料进场后应现场取样进行复验，其技术指标应符合技术标准规定。

中间涂覆玻璃纤维布，玻璃纤维布宽 900mm。

材料用量参考。根据工程需要可做成涂料和玻璃纤维布一起粘贴的一布四涂、二布六涂或只涂三道涂料的防水层，材料用量见表 4-2。

防水层不同做法材料用量　　　　　表 4-2

材料名称	三道涂料	一布四涂	二布六涂
氯丁胶乳沥青防水涂料（kg/m²）	1.2～1.5	1.5～2.2	2.2
中碱涂覆玻璃纤维布（m²/m²）	—	1.13	2.25

2）工艺流程（一布四涂）

清理基层→刮氯丁胶乳沥青水泥腻子→涂刷第一遍涂料→附加层施工→铺贴玻璃纤维布并涂刷第二遍涂料→涂刷第三遍涂料→涂刷第四遍涂料→蓄水试验→保护层施工→质量验收→第二次蓄水试验。

3）操作工艺要点

一般厨浴间防水层做成一布四涂，也可以按工程需要做成二布六涂。一布四涂施工要点如下：

① 清理基层。基层须平整、坚实、清洁、干燥。基层不平处，应用高强度等级砂浆填平补齐，阴阳角处应做成圆弧角。涂布前应进行表面处理，用钢丝刷或其他机具清刷表面，除去浮灰

杂物及不稳固的表层，并用扫帚清理干净。

② 刮氯丁胶乳沥青水泥腻子。腻子的配制方法是将氯丁胶乳沥青防水涂料倒入水泥中，边倒边搅拌，至稠糊状，即可涂刮在清理干净的基层上，应满涂满刮，涂刮厚度为 2～3mm，对于管根部和转角处要厚刮并抹平整。

③ 涂刷第一道涂料。待基层腻子干燥以后，在表面刷氯丁乳胶沥青防水涂料，涂刷不得过厚，不能漏涂（立面应涂至设计要求高度），以表面均匀不流淌、不堆积为宜。

④ 附加层施工。在细部构造，如管道根部、阴阳角、地漏、大便器蹲坑等处均应做一布二涂附加层。

⑤ 铺贴玻璃纤维布并涂刷第二层涂料。附加层做完并干燥后，可进行大面铺贴玻璃纤维布，同时涂刷第二遍涂料，可先将玻璃纤维布剪成相应的尺寸进行铺设，如有搭接，其搭接宽度不小于 100mm，并顺水流方向接搓，立面应铺至设计高度，平面与立面玻璃纤维布的接缝应在平面上，距立面不小于 200mm。在铺设玻璃纤维布的同是涂刷第二遍防水涂料，使防水涂料浸透布纹并渗入基层，应注意在收口处应仔细黏牢贴牢。

⑥ 涂刷第三遍涂料。待第二遍涂料实干后（24h），即满刷第三遍防水涂料，涂刷要均匀周到。

⑦ 涂刷第四遍涂料。上遍防水涂料实干后，满刷第四遍防水涂料。如为一布四涂防水层，第四遍涂料刷完即可。如为二布六涂防水层，则在涂刷第四遍防水涂料的同时，铺贴第二层玻璃纤维布，在继续涂刷两遍防水涂料。

⑧ 蓄水试验。防水层实干后可进行蓄水试验，蓄水 24h 后，检查无渗漏为合格。

⑨ 保护层施工。蓄水试验合格后，接着按设计要求铺贴地面砖、马赛克或做水泥砂浆面层，对防水层进行保护。

⑩ 质量验收。防水层不得有渗漏现象，玻璃纤维布与附加层之间黏结牢固，表面平整，不得有折皱、空鼓、翘边及封口不严和黏结不牢现象。

⑪ 第二次蓄水试验。在竣工验收前或结合竣工验收在进行一次蓄水试验，以便顺利验收，交付使用。

4）施工注意事项

① 施工时气温环境应在5℃以上。防水涂料在存放、使用时防止受冻；雨天、风沙天不得施工；夏季太阳曝晒下和后半夜潮露时不宜施工。

② 涂料使用前必须搅拌均匀。

③ 地漏、蹲坑、排水口等应保持顺通，不允许堵塞灰浆或其他杂物。

④ 已经安装固定的穿墙、穿楼板管道根部应加以保护，在施工中不得碰撞、变位。

⑤ 防水层在施工过程中及完工后都应注意保护，防护损坏。操作人员不得穿带钉子的鞋子进行作业，未固化干燥的涂层上不得上人踩踏。

⑥ 施工完毕应将未完成的防水涂料加盖密封，将刷子等工具清洗干净泡在水里，以备次日再用。

（2）再生橡胶沥青防水涂料施工

1）溶剂型再生橡胶

基层要求平整、密实、干燥、含水率低于9%，不得有起砂疏松、剥落和凹凸不平现象，各种坡度应符合排水要求。基层不平处，应用高强度等级砂浆填平补齐，阴阳角处应做成圆弧角。涂布前应进行表面清理，用钢丝刷或其他机具清刷表面，除去浮灰杂物及不稳固的表层，并用扫帚或吹尘机清理干净。

基层裂缝宽度在0.5mm以下时，可先刷涂料一道，然后用腻子［涂料：滑石粉或水泥＝100：（100～120）或（120～180）］刮填。对于较大的裂缝，可先凿宽，再嵌填弹塑性较大的聚氯乙烯塑料油膏或橡胶沥青油膏等嵌缝材料。然后用涂料粘贴一条（宽约50mm）玻璃纤维布或化纤无纺布增强。

处理基层后，用鬃刷将较稀的涂料（用涂料加50%汽油稀释）用力薄涂一遍，使涂料尽量向基层微孔及发丝裂纹里渗透，以增加涂层与基层的粘结力。不得漏刷，不得有气泡，一般厚为 0.2mm。

按玻璃纤维布或化纤无纺布宽度和铺贴顺序在基层上弹线，以掌握涂刷宽度。中层涂层施工时，应尽量避免上人反复踩踏已贴部位，以防因粘脚而把布带起，影响与基层粘结。

施工注意事项：

① 底层涂层施工未平时，不准上人踩踏。

② 玻璃纤维布与基层必须粘牢，不得有皱褶、气泡、空鼓、脱层、翘边和封口不严现象。

③ 基层应坚实、平整、清洁，混合砂浆及石灰砂浆表面不宜施工。施工温度为 $-10℃\sim40℃$，下雨、大风天气停止施工。

④ 本涂料以汽油为溶剂，在贮运及使用过程中均须充分注意防火。随用随倒随封，以防挥发，存放期不宜超过半年。

⑤ 涂料使用前须搅拌均匀，以免桶内上下浓稀不均。刷底层涂层及配有色面层涂料时，可适当添加少许汽油，降低黏度以利涂刷。

⑥ 配腻子及有色涂料所用粉料均应干燥，表面保护层材料应洁净、干燥。

⑦ 使用细砂作罩面层时，需用水洗并晒干后方能使用。

⑧ 工具用完后用汽油洗净，以便再用。

2）水乳型再生橡胶

基层要求有一定的干燥程度，含水率 10% 以下。若经水洗，要待自然干燥，一般要求晴天间隔 1d，阴天酌情适当延长。若基层找平材料为现浇乳化沥青珍珠岩，其水湿率应低于 5%。

对基层裂缝要预先修补处理。宽度在 0.5mm 以下的裂缝，先刷涂料一遍，然后以自配填缝料（涂料掺加适量滑石粉）刮填，干后于其上用涂料粘贴宽约 50mm 的玻璃纤维布或化纤无纺布；大于 0.5mm 的裂缝则需凿宽，嵌填塑料油膏或其他适用的嵌缝材料，然后粘贴玻璃纤维布或化纤无纺布增强。

在按规定要求进行处理基层后，均匀用力涂刷涂料一遍，以改善防水层与基层的粘结力。干燥固化后，再在其上涂刷涂料1～2遍。

将防水涂料用小桶适当地倒在已干燥的底涂层上，随即用长柄大毛刷推刷，一般刷涂厚度为 0.3～0.5mm。涂刷要均匀，不可过厚，也不得漏刷。然后将预先用圆轴卷好的玻璃纤维布（或化纤无纺布）的一端贴牢，两手紧握布卷的轴端，用力向前滚压玻璃纤维布，随刷涂料随粘贴，并用长柄刷赶走布下的气泡，将布压贴密实。贴好的玻璃纤维布不得有皱纹、翘边、白茬、鼓泡等现象。然后依次逐条铺贴，切不可铺一条空一条。铺贴时操作人员应退步进行。涂膜未干前不得上人踩踏。若须加铺玻璃纤维布，可依第一层玻璃纤维布铺贴方法施工。布的长、短边搭接宽度均应大于 100mm。

施工注意事项：

① 施工基层应坚实，宜等混凝土或水泥砂浆干缩至体积较稳定后再进行涂料施工，以确保施工质量。

② 涂料开桶前应在地上适当滚动，开桶后再用木棒搅拌，以使稠度均匀，然后倒入小桶内使用。

③ 如需调节涂料浓度，可加入少量工业软水或冷开水，切忌往涂料里加人常见的硬水，否则将会造成涂料破乳而报废。

④ 施工环境气温宜为 10～30℃，并以选择晴朗天气为佳，雨天应暂停施工。

⑤ 涂料每遍涂刷量不宜超过 0.5kg/m²，以免一次堆积过厚而产生局部干缩龟裂。

⑥ 若涂料沾污身体、衣物，短期内可用肥皂水洗净；时间过长涂料干固，无法水洗时，可用松节油或汽油擦洗，然后再用肥皂水清洗。施工工具上黏附的涂料应在收工后立即擦净，以便下次再用。切勿用一般水清洗，否则涂料将速变凝胶，使毛刷等工具不能再用。

⑦ 防水层完工后，如发现有皱褶，应将皱褶部分用刀划开，用防水涂料粘贴牢固，干后在上面再粘一条玻璃纤维布增强；若

有脱空起泡现象，则应将其割开放气，再用涂料贴玻璃纤维布补强；倒坡和低洼处应揭开该处防水层修补基层，再按规定做法恢复防水层。

⑧ 水乳型再生胶沥青防水涂料无毒、不燃、贮运安全。但贮运环境温度应大于 0℃注意密封，贮存期一般为 6 个月。

2. 合成高分子防水涂料施工

（1）聚氨酯防水涂料施工

1）施工工艺顺序

清理基层→涂刷基层处理剂→涂刷附加层聚氨酯涂料→涂刮第一道涂料→涂刮第二道涂料→涂刮第三道涂料→稀撒砂粒→蓄水试验→保护层施工→第二层蓄水试验。

2）操作要点

① 清理基层。需做防水处理的基层表面，必须彻底清扫干净。

② 涂刷基层处理剂。基层处理剂为低黏度聚氨酯，可以起到隔离基层潮气，提高涂膜与基层黏结强度作用。将聚氨酯甲料与乙料及二甲苯按 1：1.5：1.5（质量比）配比搅拌均匀，再用滚动刷或油漆刷均匀地涂刷在基层表面上，涂刷量以 0.15～0.2kg/m² 为宜。涂刷后应干燥 4h 以上，才能进行下一道工序施工。

③ 涂刷附加层涂料。在地漏、管道根、阴阳角和出入口等容易漏水的薄弱部位，应先用聚氨酯涂膜防水材料按甲料：乙料 ＝1：1.5 的比例混合，均匀涂刮一次，涂刮宽度应为 100mm，做补强附加处理。

④ 涂刮第一道涂料。将聚氨酯防水涂料按甲料：乙料＝1：1.5 的比例配料，开动电动搅拌器，搅拌 5min，然后用橡胶刮板在基层表面上均匀涂刮一道，涂刮厚度应均匀一致，涂刮量以 0.8～1.0kg/m² 为宜。立面涂刮高度不少于 100mm。

⑤ 涂刮第二道涂料。在第一层涂膜固化至不黏手时，再按上述配方和方法涂刮第二道涂膜，平面的涂刮方向应与第一道涂刷方向相垂直，涂刮量与第一道相同。

⑥ 涂刮第三道涂料。待第二道涂膜固化后，再按上述配方和方法涂刮第三道涂膜，涂刮量以 0.4～0.5kg/m² 为宜。三道聚氨酯涂料涂刮后，用料量总计约为 2.5kg/m²，防水层厚度不小于 1.5mm。

⑦ 稀撒砂粒。为了增加防水涂膜与保护层之间的黏结能力，在第三道涂膜施工完毕而未固化时，应在其表面稀疏地撒上少量干净的直径为 2～3mm 的砂粒。涂膜固化后，砂粒可牢固地黏结在防水涂膜表面，以便抹水泥砂浆地面层时与基层黏结牢固而不空鼓。

⑧ 蓄水试验。聚氨酯涂膜防水层完全干燥固化后，可进行第一次蓄水试验，蓄水 24h 无渗漏为合格。

⑨ 保护层施工。当防水涂膜完全固化和检查验收合格后，即可抹水泥砂浆保护层或粘铺面砖、马赛克等饰面层，施工时应注意成品保护，不得碰坏防水层。

⑩ 第二次蓄水试验。厨浴间装饰工程全部完工后，竣工前要进行第二次蓄水试验，以检验防水层完工后是否被水电或其他装修工序损坏。蓄水试验合格后，厨浴间的防水施工才算完成。

3）质量检查验收

① 聚氨酯涂膜防水材料的技术性能应符合设计要求或标准规定，并应附有证明文件和现场取样进行检测的试验报告，以及其他有关质量证明文件

② 聚氨酯涂膜防水层的厚度应均匀一致，其厚度不小于 2mm 方为合格。

③ 防水涂膜应形成一个封闭严密的整体，不允许有开裂、翘边、滑移、脱落和末端收头封闭不严密等缺陷存在。不应有明显的凹坑、气泡和渗水现象存在。

4）施工注意事项

① 因聚氨酯有毒，存放的地点和施工现场必须通风良好。

② 存料、配料及施工现场严禁烟火。

③ 每次施工用完的机具要及时用有机溶剂清洗干净。

④ 已配好的聚氨酯防水涂料必须当天用完，避免过夜后变稠、凝固，造成浪费。

⑤ 施工人员操作时应穿工作服，戴手套，穿软底鞋。

（2）硅橡胶建筑防水涂膜施工

1）适用范围

Ⅰ型常用于长期承受水压且浸泡的地下室和北方寒冷地区屋面，Ⅱ型用于厕浴间和南方温暖地区屋面。

2）施工准备

施工条件同高聚物沥青防水涂膜部分。涂膜防水层基层应坚实光滑、平整，找平层表面坡度应达到设计要求，基层含水率不大于15％，但不能有明水。

硅橡胶建筑防水涂膜施工用量见表4-3。

硅橡胶建筑防水涂膜施工用量 表4-3

涂料类型	使用区域	涂料用（kg/m²）		遍数	防水层形式
Ⅰ型	北方或寒冷地区	1.6～1.8	1号涂料 0.6～0.7	2～3	五～六遍涂膜 一布五涂
			2号涂料 1.0～1.1	2～3	
Ⅱ型	南方或温暖地区	1.8～2.0	1号涂料 0.7～0.8	2～3	二布六涂
			2号涂料 1.1～1.2	2～3	

3）工艺流程

基层处理→涂刷基层处理剂→附加层施工→刷第一遍1号涂料→铺贴第一层胎体增强材料→刷第二遍2号涂料→刷第三遍2号涂料→铺贴第二层胎体增强材料→刷第四遍涂料→刷第五遍1号涂料→淋水或蓄水实验

4）硅橡胶建筑防水涂膜施工要点（以一布五涂为例）

① 基层处理

将屋面基层清扫干净，不得有浮灰、杂物或油污，事先修补表面质量缺陷。

② 涂刷基层处理剂

用软化水（或冷开水）按1∶1比例（防水涂料∶软化水）将涂料稀释后涂刷基层，使涂料尽量涂进基层毛细孔中，不得漏涂。

③ 附加层施工

檐沟、落水口、出入口、烟囱、出气孔、阴阳角等部位，应用1号涂料做底涂，待其固化后做2号涂料并随后铺贴胎体附加层，成膜厚度不少于1mm，收头处用涂料或密封材料封严。

④ 大面积分层涂布防水涂料与铺贴胎体增强材料

A. 刷第一遍1号涂料：要求表面均匀，涂刷不得过厚或堆积，不得露底或漏刷。涂布时先涂立面，后涂平面，如遇起泡应立即用针刺消除。

B. 刷第二遍2号涂料：第一遍涂料经过2～4h达到表干不沾手后，即可铺贴第一层胎体增强材料、同时刷第二遍涂料。涂料涂布应分条或按顺序进行。分条进行时，每条宽度应与胎体增强材料宽度一致，以免操作人员踩踏刚涂好的涂层。

C. 刷第三遍2号涂料：上遍涂料实干后（约12～14h）即可涂刷第三遍涂料，要求及做法同涂刷第一遍涂料。

D. 刷第四遍2号涂料：第三遍涂料经2～4h表干不沾手后，即可铺贴第二层胎体增强材料，同时刷第四遍涂料。

E. 刷第五遍1号涂料，上遍涂料表干后即可刷第五遍涂料。

⑤ 淋水或蓄水检验：第五遍涂料实干后，进行淋水或蓄水检验。

⑥ 保护层施工：经蓄水试验合格后，可以按照设计要求施工保护层。

硅橡胶建筑防水涂膜施工步骤　　　　　　表4-4

步骤	说明
涂刮第一遍涂料	将聚氨酯用胶皮刮板均匀涂刷一遍，操作时要尽量保持厚薄一致，用料量为0.8～1.0kg/m²；立面涂刮高度不应小于150mm，立面涂刮高度一般到1.5m；淋浴位置最好做到1.8m，保证防潮效果达到最佳

步骤	说明
涂刮第二遍涂料	待第一遍涂料固化干燥后，要按上述方法涂刮第二遍涂料。涂刮方向应与第一遍相垂直，用料量与第一遍相同
涂刮第三遍涂料	待第二遍涂料涂膜固化后，再按上述方法涂刮第三遍涂料，用料量 0.4～0.5kg/m²
第一次蓄水试验	待防水层完全干燥以后，进行第一次蓄水试验，蓄水试验24h以后无渗漏时为合格
稀撒砂粒	为了增加防水涂膜与粘接饰面层的黏结力，在防水层表面，需边涂聚氨酯防水涂料边稀撒砂粒，砂粒不得有棱角，砂粒粘接固化后即可进行保护层施工。未粘接的砂砾应清扫回收
保护层施工	防水层蓄水试验不漏、质量检验合格后，即可进行保护层施工或粘铺地面砖、陶瓷锦砖等饰面层。施工时应注意成品保护。不得破坏防水层
第二次蓄水试验	厕浴间装饰工程全部完成后，工程竣工前，还要进行第二次蓄水试验，以检验防水层完工后是否被破坏，蓄水试验合格后，厕浴间的防水施工才算真正完成

3. 聚合物水泥防水涂料施工

（1）基层要求与处理

基层必须坚固无松动，表面应平整、无明水、无渗漏，如有凹凸不平及裂缝等缺陷，应用水泥砂浆或聚合物水泥腻子找平嵌实；遇有穿墙管、预埋件时，应将穿墙管、预埋件按规定安装牢固，收头圆滑；阴阳角应做成圆弧角。

基层上泥土、灰尘、油污和砂粒疙瘩等应用钢丝刷、吹风机等消除干净。

（2）涂布操作要点

1）工艺流程

底涂料→下层涂料→中层涂料、铺无纺布→面层涂料→保护层

2）配料

底涂料的质量配合比为：液料：粉料：水＝10：7：14；下层中层和面层的质量配合比为：液料：粉料：水＝10：7：（0～2）；面层涂料根据需要可加颜色以形成彩色层。彩色涂料的质量配合比为：液料：粉料：颜料：水＝10：7：（0.5～1.0）：（0～2）。颜料应选用中性氧化铁系无机颜料（如选用其他颜料需经试验确定）。在规定的用水范围内，斜面、顶面、立面施工应不加水或少加水，平面施工时宜多加些水。

在进行配料时，应先将水加入到液料中用电动搅拌器搅拌均匀后，再边搅拌边徐徐加入粉料，充分搅拌均匀直至料中不含粉团，搅拌时间约3min。

3）涂覆

用滚子或刷子将涂料均匀地涂覆于基层上，按照先细部后大面、先立墙后平面的原则按顺序逐层涂覆，各层之间的时间间隔以上一层涂膜固化干燥不粘为准（在温度为20℃的露天条件下，不上人施工的约需3h，上人施工约需5h），现场环境温度低、湿度大、通风差，固化干燥时间长些，反之则短些。

需铺胎体增强材料时，应选用下层、铺无纺布、中层三道工序连续施工的工法，即在涂刷下层涂料后，立即铺设无纺布，要求铺平铺直，然后在其上涂刷中层涂料，要求不得有气孔、针眼、鼓泡、折皱、露白、堆积、翘边等缺陷，无纺布长短边搭接宽度应为100mm。

涂覆过程中，涂料应经常搅拌，防止沉淀，涂刷要求多次滚刷，使涂料与基层之间不留气泡，粘结严实；每层涂覆必须按规定用量取料；底涂料为 0.3kg/m²，下层、中层和面层每层为 0.9 kg/m²。尽量厚薄均匀，不能过厚或过薄，若最后防水层磨度不够，可加涂一层或数层。

防水层涂膜厚度应按设计要求或根据工程防水等级决定。

搅拌好的涂料（当配比为液料∶粉料∶水＝10∶7∶2）在环境温度为20℃条件下，必须在3h内用完，现场环境温度低，可用时间长些，反之则短些，如料过久变得稠硬时，应废弃不得加水再用。

（3）保护层施工

保护层或装饰型保护层应在防水层完工2d后进行。如抹水泥砂浆保护层时，应在面层涂料涂刷后立即撒干净的中粗砂，并使其粘结牢固，养护2d后抹1∶2.5水泥砂浆。如贴面砖、地砖等装饰块材时，可将复合防水涂料∶粉料＝10∶（15～20）调成腻子状，即可用作胶粘剂。

（三）涂膜防水层细部构造防水处理

1. 厕浴间涂料防水施工

（1）厨浴间地面构造

厨浴间地面构造，如图4-1所示。

1）结构层：厨浴间地面结构层一般采用现浇钢筋混凝土板，或整块预制钢筋混凝土板，如用预制钢筋混凝土多孔板时，应用防水砂浆将板缝填满抹平，再铺一层玻璃纤维布条，涂刷两道涂膜防水材料。

2）找坡层：应向地漏方向找2％的坡度，厚度较小（＜3mm），可用水泥砂浆或混合砂浆（水泥∶石灰∶砂＝1∶1.5∶8），厚度大于30mm，可用1∶6水泥炉渣做垫层。

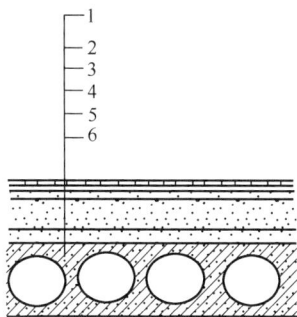

图4-1　厨浴间地面构造

1—陶瓷锦砖；2—水泥砂浆找平层；

3—找坡层；4—涂膜防水层；

5—水泥砂浆找平层；6—楼板

3）找平层：用厚 10～20mm 水泥砂浆（水泥∶砂＝1∶2.5），将坡层表面找平，要求抹平、压光。

4）防水层：应采用涂膜防水层（聚氨酯防水涂膜、氯丁胶乳沥青防水涂料、SBS 橡胶改性沥青防水涂料等），防水涂膜比传统的一毡二油防水效果好。

如有暖气管、热水管应做套管。套管高度为 20～40mm。在防水层施工前应先用建筑密封膏将管根部嵌严密（宽 10mm、深 15mm），然后再做防水层，防水层四周卷起高度应按设计的要求，并与立墙防水层交接好。防水层上继续做找平层。

5）面层：面层可根据设计要求铺贴陶瓷马赛克或防滑地面砖等。

（2）穿楼板管道

1）基本规定

① 穿楼板管道通常包括冷水管、暖气管、热水管、煤气管、污水管、排气管等。一般均在楼板上预留管孔或采用手持式薄壁钻机钻孔成型，再安装立管。管孔宜比立管外直径大 40mm 以上，若是热水管、暖气管、煤气管时，则应在管外加设钢套管，套管上口应高出地面 20mm，下口与板底齐平，留管缝 2～5mm。

② 单面临墙的管道，通常离墙应不小于 50mm，双面临墙的穿道，一边离墙不低于 50mm，另一边离墙不低于 80mm，如图 4-2 所示。

③ 穿过地面防水层的预埋套管需高出防水层 20mm，管道与套管间要留设 5～10mm 缝隙，缝内要先填聚苯乙烯（聚乙烯）泡沫条，再用密封材料封口，并在其周围加大排水坡度，如图 4-3 所示。

2）防水构造

穿楼板管道的防水构造的处理方法有两种：一种是在管道周围嵌填 UEA 管件接缝砂浆，如图 4-4 所示；另一种是在上述基础上，在管道外壁箍贴膨胀橡胶止水条，如图 4-5 所示。

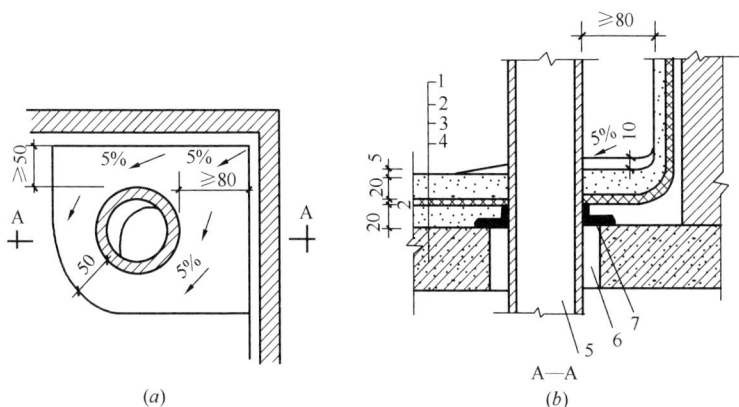

图 4-2　厕浴间、厨房间穿楼板管道转角墙构造示意（单位：mm）

(a) 平面图；(b) 剖面图

1—水泥砂浆保护层；2—涂膜防水层；3—水泥砂浆找平层；4—楼板；

5—穿楼板管道；6—补偿收缩嵌缝砂浆；7—L 形橡胶膨胀支承条

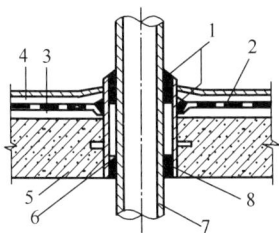

图 4-3　穿过防水层管套

1—密封材料；2—防水层；3—找平层；

4—面层；5—止水环；6—预埋套管；

7—管道；8—聚苯乙烯（聚乙烯）泡沫

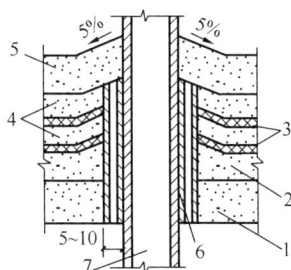

图 4-4　穿楼板管道嵌填 UEA 管件

接缝砂浆防水构造（单位：mm）

1—钢筋混凝土楼板；2—UEA 砂浆垫层；

3—10％UEA 水泥素浆；4—(10％－12％

UEA)1：2 防水砂浆；5—(10％～12％

UEA)1：(2～2.5)砂浆保护层；

6—(10％UEA)1：2 管件接缝砂浆；

7—穿楼板管道

3）施工要求

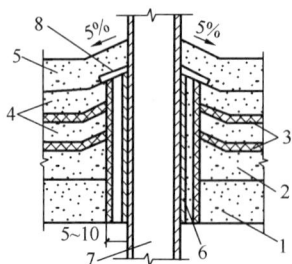

图 4-5 穿楼板管道箍
贴膨胀橡胶止水条防水
构造（单位：mm）
1—钢筋混凝土楼板；2—UEA
砂浆垫层；3—10%UEA 水泥
素浆；4—(10%～12%UEA)
1:2 防水砂浆；5—(10%～12%
UEA)1:(2～2.5)砂浆保护层；
6—(10%UEA)1:2 管件接缝
砂浆；7—穿楼板管道；
8—膨胀橡胶止水条

① 在立管安装固定后，要凿除管孔四周松动石子，如遇管孔过小则应按规定要求凿大，然后在板底支模板，孔壁洒水润湿，刷 108 胶水一遍，灌 C20 细石混凝土，比板面低 15mm 并捣实抹平。细石混凝土中宜掺微膨胀剂。终凝后洒水养护，两天内不得碰动管子。

② 待灌缝混凝土达到一定强度后，清理干净管根四周及凹槽内并令其干燥，凹槽底部要垫牛皮纸或其他背衬材料，并在凹槽四周及管根壁涂刷基层处理剂。再将密封材料挤压在凹槽内，并用腻子刀用力刮压并与板面齐平，确保其饱满、密实、无气孔。

③ 地面施工找坡、找平层时，在管根四周均需留有 15mm 宽缝隙，待地面施工防水层时，再二次嵌填密封材料将其封严，以便使密封材料与地面防水层连接。

④ 清除管道外壁 200mm 高范围内的灰浆和油污杂质，涂刷基层处理剂，再依据设计要求涂刷防水涂料。如立管有钢套管时，用密封材料将套管上缝封严。

⑤ 地面面层施工时，在管根四周 50mm 处，至少应高出地面 5mm，呈馒头形。当立管位置在转角墙处，应留出向外 5%的坡度。

（3）地漏

一般在楼板上预留出管孔，然后安装地漏。安装固定好地漏立管后，清除干净管孔四周的混凝土松动石子，浇水湿润，然后板底支模板，灌注 1:3 水泥砂浆或 C20 细石混凝土，捣实、堵严、抹平，混凝土应掺微膨胀剂。

厕浴间垫层向地漏处找 1‰～3‰ 坡度，当垫层厚度小于 30mm 时需用水泥混合砂浆；当大于 30mm 时需用水泥炉渣材料或用 C20 细石混凝土一次找坡、找平、抹光。

地漏上口四周用 20mm×20mm 密封材料封严，上面要做涂膜防水层，如图 4-6 所示。

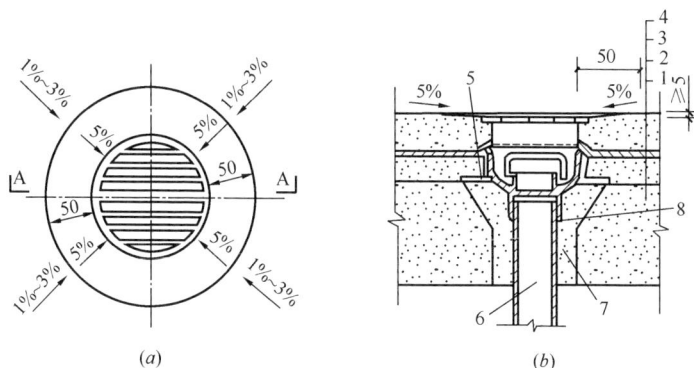

图 4-6 地漏口防水做法示意图（单位：mm）
(a) 平面图；(b) A-A 剖面图
1—钢筋混凝土楼板；2—水泥砂浆找平层；3—涂膜防水层；
4—水泥砂浆保护层；5—膨胀橡胶止水条；6—主管；
7—补偿收缩混凝土；8—密封材料

地漏口周围和直接穿过地面或墙面防水层的管道及预埋件的周围与找平层之间应预留出宽 10mm、深 7mm 的凹槽，并用密封材料嵌填，如图 4-7、图 4-8 所示，地漏离墙面的净距离宜为 50～80mm。

（4）小便槽

1）小便槽防水构造，如图 4-9 所示。

楼地面防水需做在面层下面，四周卷起至少 250mm 高。小便槽防水层与地面防水层交圈，立墙防水需做到花管处以上 100mm，两端展开 500m 宽。

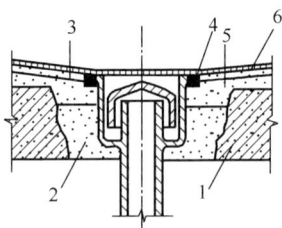

图 4-7 地漏口（一）

1—楼板；2—干硬性细石混凝土；
3—聚合物水泥砂浆；4—密封材料；
5—找平层；6—面层

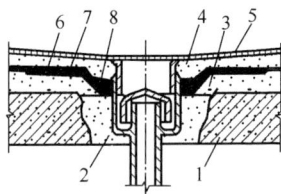

图 4-8 地漏口（二）

1—楼板；2—干硬性细石混凝土；3—找
平层；4—底层；5—面层；6—柔性
防水层；7—附加防水层；8—密封材料

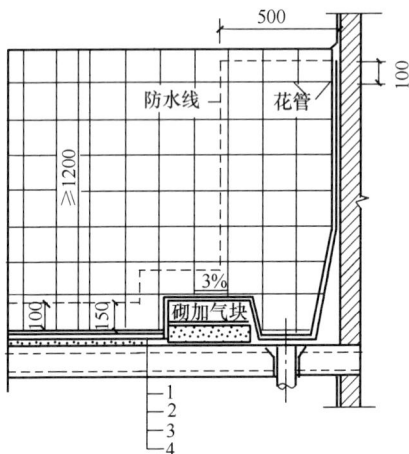

图 4-9 小便槽防水剖面（单位：mm）

1—面层材料；2—涂膜防水层；
3—水泥砂浆找平层；4—结构层

2）小便槽地漏做法，如图 4-10 所示。

3）防水层宜采用涂膜防水材料及做法。

4）地面泛水坡度宜为 1％～2％，小便槽泛水坡度宜为 2％。

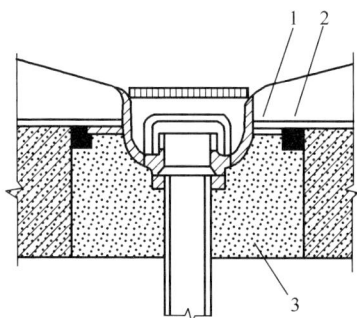

图 4-10　小便槽地漏处防水托盘

1—防水托盘；2—20mm×20mm 凹槽内嵌
填密封材料；3—细石混凝土灌孔

（5）大便器

1）当大便器立管安装固定后，同穿楼板立管做法用 C20 细石混凝土灌孔堵严抹平，并在立管接口处四周嵌填密封材料交圈来封严，尺寸为 20mm×20mm，上面防水层需做至管顶部，如图 4-11 所示。

2）蹲便器与下水管相连接的部位因最易发生渗漏，所以应选与两者（陶瓷与金属）都有良好黏结性能的密封材料进行严密封闭，如图 4-12 所示。下水管穿过钢筋混凝土现浇板的处理方法同穿楼板管道防水做法，膨胀橡胶止水条的粘贴方法同穿楼板管道箍贴膨胀橡胶止水条防水做法。

3）采用大便器蹲坑时，在大便器尾部进水处与管接口可选用沥青麻丝及水泥砂浆封严，并外抹涂膜防水保护层。

2. 屋面涂料防水施工

（1）适用范围

涂膜防水工程适用于防水等级为Ⅲ级、Ⅳ级的单独一道屋面防水，也可以作为Ⅰ级、Ⅱ级屋面多道防水设防中的涂膜防水层。

（2）涂膜防水层组成

主要有基层处理剂、防水涂料、增强材料、隔离材料、保护

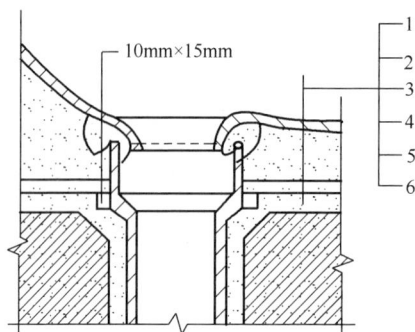

图 4-11　蹲式大便器防水剖面
1—大便器底；2—1：6 水泥焦渣垫层；
3—水泥砂浆保护层；4—涂膜防水层；
5—水泥砂浆找平层；6—楼板结构

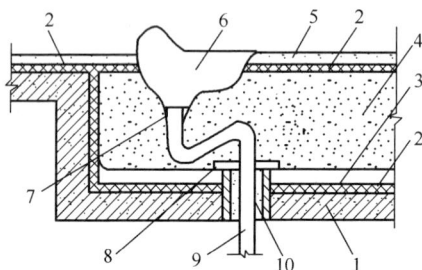

图 4-12　蹲便器下水管防水构造
1—钢筋混凝土楼板；2—10％UEA 水泥素浆；
3—20mm 厚（10％～12％UEA）1：2 防水砂浆防水层；
4—轻质混凝土填充层；5—10mm 厚（10％～12％UEA）
防水砂浆防水层；6—蹲便器；7—密封材料；
8—遇水膨胀橡胶止水条；9—下水管；
10—15％UEA 管件接缝填充砂浆

材料等组成。涂膜防水屋面典型的构造层次如图所示，具体施工根据设计要求来确定层次，如图 4-13。

涂膜防水层的施工方法和各种施工方法的适用范围见表 4-5。

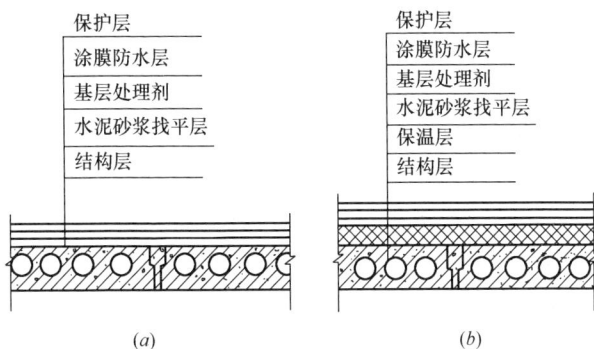

图 4-13　涂膜防水屋面典型的构造层次

（a）无保温层涂膜屋面；（b）有保温层涂膜屋面

屋面涂料防水层施工做法　　　　　　　　　表 4-5

施工方法	具体做法	适用范围
抹压法	涂料用刮板刮平后，待其表面收水而尚未结膜时，再用铁抹子压实抹光	用于流平性差的沥青基厚质防水涂膜施工
涂刷法	用鬃刷、长柄刷、圆滚刷蘸防水涂料进行涂刷	用于涂刷立面防水层和节点部位细部处理
涂刮法	用胶皮刮板涂布防水涂料，先将防水涂料倒在基层上，用刮板来回涂刮，使其厚薄均匀	用于黏度较大的高聚物改性沥青防水涂料和合成高分子防水涂料在大面积上的施工
机械喷涂法	将防水涂料倒入设备内，通过喷枪将防水涂料均匀喷出	用于黏度较小的高聚物改性沥青防水涂料和合成高分子防水涂料在大面积上的施工

（3）涂膜防水屋面施工工艺

1）涂（刷）基层处理剂时，应用刷子用力满涂，使涂料尽可能刷进基层表面毛组孔中，并将基层可能留下的少量灰尘等无机杂质，像填充料一样混入基层处理剂中，使之与基层牢固结合。

2）涂刷涂膜防水层时，涂刷的顺序应先垂直面，后水平面；先阴阳角、细部，后大面；而且每一道涂膜防水的涂刷顺序都应相互垂直。

3）在需要重点处理的细部，要增加一道增强涂布或玻璃丝布，特殊部位，如阴阳角处，要做尺寸为 50mm 的聚合物水泥砂浆圆弧，再做附加防水层，宽度为 300mm。

4）涂刷涂膜防水层时，要待前一层涂膜固化干燥后进行，并应先检查其上有无残留的气孔或气泡。

5）在底胶干燥固化后，用塑料或橡皮刮板均匀涂刷一层厚约 0.6mm 的涂料，涂刮时用力要均匀一致。平面或坡面施工后在防水层未固化前不应踩踏，涂抹过程中要留出施工退路，或采用分区、分片后退法施工。

6）第二遍涂膜的施工：在第一遍涂膜固化 24h 后，对所涂膜的空鼓、气孔、砂、卷进涂料的灰尘、涂层伤痕和固化不良等进行修补后刮第二遍涂料，涂刮方向与第一遍涂刮方向垂直，厚度控制在 0.7mm 左右，涂膜顺序为先立面后平面。

7）在第二层涂膜固化 24h 后，进行第三遍涂膜，厚度应控制在 0.7mm 左右，涂膜总厚度按照设计要求控制在 2mm 左右。

8）在最后一道涂膜防水层固化前，要先在其表面稀撒粒径组小的石渣，再在外墙和底板上分别做保护层，以增强涂膜与其保护层的粘结能力。

（4）施工质量要求

1）涂膜防水屋面不得有渗漏和积水现象。

2）所用的防水涂料，胎体增强材料、配套进行密封处理的密封材料及复合使用的卷材和其他材料，应有产品合格证书和性能检测报告，材料的品种、规格、性能等必须符合现行国家产品标准和设计要求。材料进场后，应按有关规范的规定进行抽样复验，并提出试验报告；不合格的材料，不得在屋面工程中使用。

防水层与基层应粘结牢固，不得有裂纹、脱皮、流淌、鼓泡、露胎体和皱皮等现象，厚度应符合设计要求。

落水口和伸出屋面的管道应与各节点做法应符合设计要求，附加层设置正确，节点封固严密，不得开缝翘边。

3. 地下室涂料防水层施工

涂料防水是在本身有一定防水能力的结构层表面上再涂刷一定厚度的防水涂料，经常温交联固化后，形成一层具有一定坚韧性的防水涂膜的防水方法。根据防水基层的情况和适用范围，可将加固材料和缓冲材料铺设在涂料层内，以达到提高涂膜防水效果、增强防水层强度的效果。本法得到广泛应用，不但适用于建筑物的屋面防水、墙面防水，还可应用于地下防水和其他工程的防水。

（1）图贴方式

防水涂料最好采用外防外涂或外防内涂，如图 4-14、图 4-15 所示。

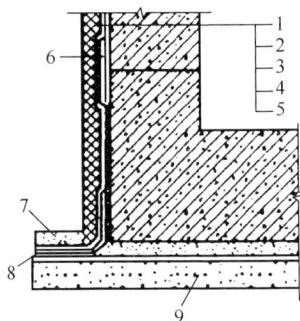

图 4-14　防水涂料外防外涂构造
1—保护墙；2—砂浆保护层；3—涂料
防水层；4—砂浆找平层；5—结构墙
体；6—涂料防水层加强层；7—涂料防
水层搭接部位保护层；8—涂料防水层
搭接部位；9—混凝土垫层

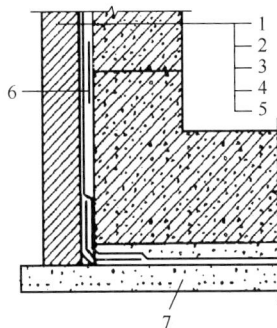

图 4-15　防水涂料外防内涂构造
1—保护墙；2—涂料保护层；
3—涂料防水层；4—找平层；
5—结构墙体；6—涂料防水
加强层；7—混凝土垫层

（2）涂料防水层甩槎构造

防水涂料应涂刷在结构基层迎水面上，涂膜防水层从底板垫

111

层转向砌块外模板墙立面时，在转角位置的防水层会出现由于地层产生的相对沉降位移，使建筑物与砌块外模板墙不同步沉降而与防水层产生摩擦拉伸进而损坏防水层，所以防水涂料不可涂在永久性保护墙上，必须采取适合的构造措施，保证所形成的涂膜防水层能适应结构在沉降位移时防水层与砌块外模板墙自动分离而牢固附属在结构主体上，从而实现建筑物与防水层同步位移，以免建筑物下沉拉损防水层。具体措施如图 4-16 所示。

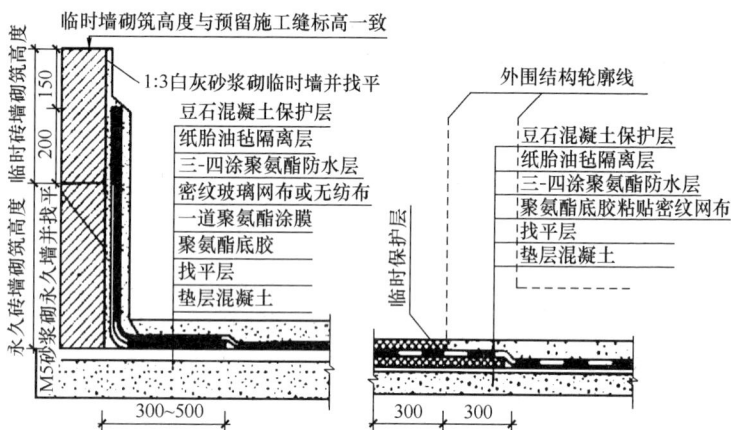

图 4-16　涂料防水层甩槎构造

（3）阴阳角做法

在基层涂布底层涂料后，需先实施增强涂布，同时辅贴好玻璃纤维布，然后涂布第一道、第二道涂膜，阴阳角的做法如图 4-17 所示。

（4）管根处理

对于管道根部，先用砂纸将管道打毛，用溶剂洗除油污，管道根部周围基层要保持清洁干燥。在管道根部周围和基层涂刷底层涂料，在底层涂料固化后做增强涂布，然后再涂刷涂膜防水层。如图 4-18 所示。

（5）施工缝或裂缝的处理

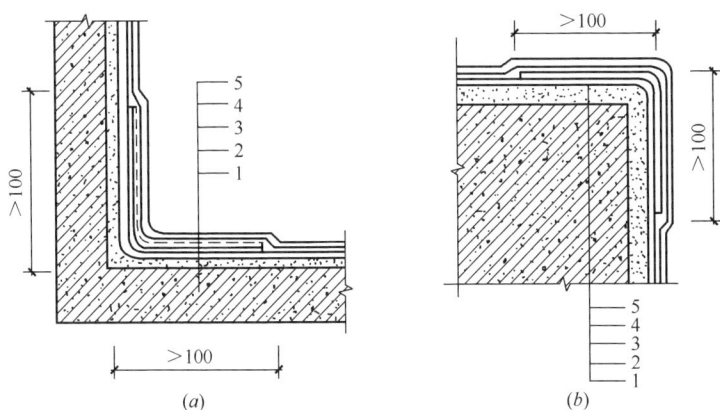

图 4-17　涂膜防水阴阳角做法

（a）阴角；（b）阳角

1—需防水结构；2—水泥砂浆找平层；

3—底胶；4—玻璃纤维布增强涂布；5—涂膜防水层

图 4-18　管根处理

　　施工缝或裂缝的处理要先涂刷底层涂料，固化后铺设 1mm 厚、100mm 宽的橡胶条，然后再涂布涂膜防水层。如图 4-19 所示。

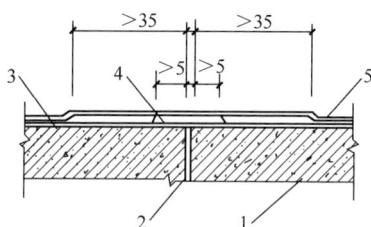

图 4-19 涂膜防水施工缝或裂缝的处理
1—混凝土结构；2—施工缝或裂缝；3—底胶；
4—10cm 自粘胶条或一遍粘贴的胶条；5—涂膜防水层

（四）防水涂料施工常见质量缺陷及预防

1. 屋面涂膜防水施工常见质量通病与防治措施

屋面涂膜材料及施工常见质量通病防治措施见表 4-6 和表 4-7。

屋面涂膜材料常见质量通病防治措施 表 4-6

现象	原因分析	防治措施
涂膜凸凹不平，厚不匀	涂料黏度过低，涂膜又太厚，选用挥发性太快或太慢的稀释剂	调整涂料的施工黏度，选择与涂料配套的稀释剂，注意调整稀释剂的挥发速度和涂料干燥时间
涂料在涂布后而形成许多圆形小针孔	涂料中有水分，低沸点挥发性溶剂用量过多，造成涂膜表面迅速干燥，而底部的溶剂不易逸出	调整涂料的施工黏度。涂料搅拌后，应静放一段时间后再用注意溶剂的搭配，应控制低沸点溶剂的用量
涂膜表面出现许多大小不均，圆形不规则的气泡突起物	乳液中有沉淀物质，施工时基层过分潮湿，基层有砂粒杂物	涂料施工前将基层表面清理干净，应用筛网过滤涂料乳液。应在底层涂料完全干燥后，再涂上层涂料

114

现象	原因分析	防治措施
颗粒保护材料与涂层粘结不牢	颗粒保护材料过粗，其中的细粉、杂质太多	使用前应筛去细砂、蛭石粉、云母粉颗粒中杂质、泥块和颗粒较粗的粒料及过细的粉料

屋面涂膜施工常见质量通病防治措施 　　　表 4-7

现象	原因分析	防治措施
在被涂面上或线脚的凹槽处，涂料产生流淌	喷枪的孔径太大，喷涂施工中喷涂压力大小不均，喷枪与施涂面的距离未保持一致基层凹凸不平，在凹处涂料太多施工环境温度过低，湿度过大，涂料干燥慢	选用合适的喷嘴孔径，调整空气压缩机压力、气压大小应与所选用涂料的要求相适应。选择适宜的毛刷，刷毛要有弹性、耐用，根粗梢细，鬃厚口齐刷涂时用力均匀基层凹凸处应用水泥砂浆或腻子填平，磨去棱角。施工环境温度和湿度应与涂料的要求相符，一般以 5～35℃为宜，相对湿度以 50%～75%为宜，加强施工场所的通风
涂料在涂布后而形成许多圆形小针孔	施工环境温度较低或过高。喷枪施工时喷枪压力过大，喷嘴孔径过小，喷枪距离被涂面的距离太近	施工环境温度应高于 5℃或低于 35℃，配制使用涂料时，应防止水分混入。风沙天不宜施工应掌握好喷涂施工技术，控制好喷枪同待涂面的距离，控制好喷枪压力
涂膜表面出现许多大小不均，圆形不规则的	施工环境温度太高，或日光强烈照射，涂层太厚，表面结膜太快，基层不平，粘贴玻璃纤维布时未铺平拉紧	施工应选择晴朗、干燥的天气施工，尽量避开气温高于 35℃以上的时段薄质涂料每遍涂刷厚度控制在 0.2～0.3mm；厚质涂料每遍涂刷厚度控制在 1.0～1.5mm 范围内
气泡突起物	喷涂时，压缩空气中含有水蒸气，与涂料混在一起。涂料的黏度较大，刷涂时速度太快	铺贴玻璃纤维布时铺平拉紧，玻璃纤维布的两侧边每隔 1m 左右剪一小口，铺布时要边倒涂料，边推铺，边压实平整喷涂前应防止水汽混入，适当控制喷涂速度

现象	原因分析	防治措施
涂膜表面出现龟裂	涂料使用前未充分搅拌均匀，面层涂料中的挥发成分太多涂料收缩量过大，涂层过厚，表里不均匀	施工前应将涂料搅拌均匀，应选择挥发成分较少，收缩较小的涂料应注意催干剂的用量和搭配施工中每遍涂料的涂刷厚度不得过厚
防水涂膜与基层粘结不牢	基层表面不平整，不清洁。涂料成膜厚度不足。基层过分潮湿，工序之间间歇时间不够在水泥砂浆基层上过早涂刷涂料或铺贴玻璃纤维布，铺贴玻璃纤维布时，涂料未渗透玻璃纤维布，上下涂层结合不牢	基层必须平整、密实、清洁、干燥。修补局部有高低不平处，每遍涂料厚度应适宜。防水层涂料施工的每道工序之间一般应有 12～24h 的间歇时间，并以 24h 为佳。选用与涂料配套的中碱玻璃纤维布，渗透性好在水泥砂浆基层上涂刷涂料和铺贴玻璃纤维布
防水层局部失效，雨水渗过防水层	施工质量粗糙，涂层太薄，基层不平，玻璃纤维布铺贴不平，接头处搭接太短；涂膜分层，不完整；施工缝处理不严；施工期涂层被雨水冲刷等	应待前一遍涂料干燥后，涂刷后一遍涂料；分段接缝处应先用砂纸打磨，用稀释剂恢复涂膜表面的黏性后，再涂刷防水层，搭接宽度不得小于 70～150mm

2. 地下防水涂膜质量通病与防治措施

地下防水涂膜质量通病防治措施见表 4-8。

地下防水涂膜质量通病防治措施 表 4-8

现象	原因分析	防治措施
涂膜防水层存在气孔、气泡现象	涂料混合后搅拌方式或搅拌时间掌握不好，材料混入了空气；基层有浮灰、空隙	选择功率大，转速不太快的搅拌器搅拌时间 3～5min，基层孔隙应用涂料腻子填补密实。 对于气孔，用橡胶板将混合料压入填实，再进行填补涂抹。对于气泡，应将其穿破，除去浮膜，用处理气孔的方法填实
涂膜防水层存在起鼓现象	涂膜基层质量不良，起皮或开裂，影响粘结；基层不干燥，粘结不良，水分蒸发产生的压力使涂膜起鼓，在湿度大且通用不良的环境下施工，涂层表面易有冷凝水，冷凝水受热汽化可使上层涂膜起鼓	涂膜基层必须坚实平整干净、干燥，先涂刷潮湿隔离剂，或选用湿固化型防水涂料；发现起鼓，应先将起鼓部分全部割去，露出基层，排干潮气，待基层干燥后先涂基层处理剂，再依次逐层涂抹防水涂料
涂膜防水层翘边	涂膜基层未处理好，不清洁，不干燥；基层处理剂粘结力差；细部收头时，操作不仔细，密封处理不佳	基层必须干净干燥，发现翘边，应先对剥离翘边部分割去，将基层打毛处理干净，再涂刷基层处理剂，最后涂刷涂膜防水层
涂膜防水层破损	涂膜防水层上面未及时做保护层，致使被其他工序施工时碰坏划伤；过早上人行走或放置工具，使防水层遭受磨损而变化破坏	涂膜防水层完工后，轻微破损处，可做增强和增补涂布，破损严重处，将破损部分割除，露出基层并清理干净，补做防水层

3. 厕浴间防水工程质量通病与防治措施

卫生间防水工程质量通病主要有地面汇水倒坡、墙面返潮和地面渗漏、地漏周围渗漏、立管四周渗漏等。见表 4-9。

现象	原因分析	防治措施
地面汇水倒坡	地漏偏高，集水汇水性差，表面层不平有积水，坡度不顺或排水不通畅或倒流水	（1）地面坡度要求距排水点最远距离处控制在 2%，且不大于 30mm，坡向准确； （2）严格控制地漏标高，且应低于地面表面 5mm； （3）卫生间地面应比走廊及其他室内地面低 20～30mm； （4）地漏处的汇水口应呈喇叭口形，集水汇水性好，确保排水通畅。严禁地面有倒坡和积水现象
墙面返潮和地面渗漏	（1）墙面防水层设计高度偏低，地面与墙面转角处成直角状； （2）地漏、墙角、管道、门口等处结合不严密，造成渗漏； （3）砌筑墙面的猫土砖含碱性和酸性物质	（1）墙面上设有水器具时，其防水高度一般为 1500mm；淋浴处墙面防水高度应大于 1800mm； （2）墙体根部与地面的转角处，其找平层应做成钝角； （3）预留洞口、孔洞、埋设的预埋件位置必须准确、可靠。地漏、洞口、预埋件周边必须设有防渗漏的附加防水层措施； （4）防水层施工时，应保持基层干净、干燥，确保涂膜防水层与基层粘结牢固； （5）进场黏土砖应进行抽样检查，如发现有类似问题时，其墙面宜增加防潮措施
地漏周围渗漏	承口杯与基体及排水管接口结合不严密，防水处理过于简陋，密封不严	（1）安装地漏时，应严格控制标高，宁可稍低于地面，也决不可超高； （2）要以地漏为中心，向四周辐射找好坡度，坡向准确，确保地面排水迅速、通畅； （3）安装地漏时，先将承口杯牢固地粘结在承重结构上，再将浸涂好防水涂料的胎体增强材料铺贴于承口杯内，随后仔细地再涂刷一遍防水涂料，然后再插口压紧，最后在其四周再满涂防水涂料 1～2 遍，待涂膜干燥后，把漏勺放入承口内； （4）管口连接固定前，应先进行测量，复核地漏标高及位置正确后，方可对口连接、密封固定

现象	原因分析	防治措施
立管四周渗漏	（1）穿楼板的立管和套管未设止水环； （2）立管或套管的周边采用普通水泥砂浆堵孔，套管和立管之间的环隙未填塞防水密封材料； （3）套管和地面相平，导致立管四周渗漏。	（1）穿楼板的立管应按规定预埋套管，并在套管的埋深处置止水环； （2）套管，立管的周边应采用微膨胀细石混凝土填塞密实，套管和立管之间的环隙采用防水密封材料嵌填密实； （3）套管高度应高出设计地面80mm，套管周边应做同高度的细石混凝土防水护墩

（五）防水涂料施工安全技术

1. 操作前应对操作人员进行针对性的安全教育，重点在高空作业、劳动防护、防火防毒等方面进行安全技术交底。

2. 操作人员严格按交底书的安全操作程序进行安全生产。

3. 热塑涂料加热时，应由专人实施，运输、使用必须小心防止烫伤。

4. 做好劳动防护，涂刷对身体有害涂料时，戴防毒口罩、密闭式防护眼镜和橡胶手套，下班后认真洗手、洗脸。

5. 采用喷涂施工时，注意风向，控制空压机风机，防止气味的飘逸。

6. 操作人员在操作过程中，感觉头痛、恶心、心悸时，应及时到通风处休息。

7. 喷涂易燃涂料，应设置禁火区域，并配备消防器材。

8. 施工完毕，现场清理干净，余料退库，严防环境污染。

五、刚性防水材料施工

（一）刚性防水材料施工常用机具

常用的刚性防水材料施工机具名称及用途见表 5-1。

刚性防水材料施工常用机具 表 5-1

序号	名　称	用途
1	混凝土搅拌机、砂浆搅拌机等	拌合
2	手推车、卷扬机、塔式起重机、井架等	运输
3	锤子、斧子、吹尘器、扫帚、刷子等	清扫
4	铁锹、灰桶、木刮板、阴阳角抹子、木抹子、铁抹子、抹光机、振动棒、溜槽、串筒等	浇捣
5	水准仪、水平尺、卷尺、靠尺等	测量
6	钢丝刷、油漆刷、熬胶铁锅、温度计（200℃）、鸭嘴壶等	灌缝
7	台秤、磅秤、分隔缝木条、木工锯、铁滚筒等	其他

部分常用的刚性防水材料施工机具如图 5-1 所示：

混凝土搅拌机

砂浆搅拌机

手推车

卷扬机

吹尘器

振动棒

图 5-1　常用刚性防水材料施工机具（一）

溜槽 　　　　　　　　　　　　　串桶

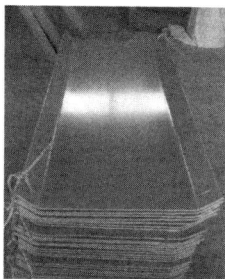 

水平尺

图 5-1　常用刚性防水材料施工机具（二）

（二）防水混凝土施工

1. 防水混凝土的种类及适用范围

（1）普通防水混凝土

普通防水混凝土又称结构自防水混凝土，是以调整材料配合比的方法来提高自身密实性和抗渗性要求的一种混凝土。适用于一般工业、民用建筑及公共建筑的地下防水工程。

（2）掺外加剂防水混凝土

外加剂防水混凝土。在混凝土拌合物中加入微量有机物（引气剂、减水剂、膨胀剂、三乙醇胺）或无机盐（如氯化铁），以改善其和易性，提高混凝土的密实性和抗渗性。

引气剂防水混凝土抗冻性好，能经受 150～200 次冻融循环，适用于北方高寒地区、抗冻性要求较高的防水工程。

减水剂防水混凝土具有良好的和易性，可调节凝结时间，适用于泵送混凝土及薄壁防水结构。

三乙醇胺防水混凝土早期强度高，抗渗性能好，适用于工期紧迫、要求早强及抗渗压力大于 2.5MPa 的防水工程。

氯化铁防水混凝土具有较高的密实性和抗渗性，抗渗压力可达 2.5～4.0MPa，适用于水下、深层防水工程或修补堵漏工程。

（3）掺纤维补偿收缩防水混凝土

掺纤维补偿收缩防水混凝土具有良好的韧性、抗裂性，抗渗耐磨。适用于有防水要求的混凝土屋面、楼面以及地下工程。

2. 防水混凝土施工

（1）普通防水混凝土地下工程防水施工工艺

1）工艺流程

施工准备→混凝土配制→运输→混凝土浇筑→养护→拆模及回填土

2）施工步骤

① 施工准备

A. 项目部技术负责人已编制施工组织设计、专项施工方案，并通过公司审批。

B. 试验室根据施工要求试配提出混凝土配合比，并换算出施工配合比。普通防水混凝土配合比除满足设计规定的强度等级、抗渗性、耐久性外，必要时满足抗侵蚀性、抗冻性等特殊要求，如有大体积混凝土的构件尚应符合大体积混凝土的施工特性，并应合理使用材料、减少水泥用量、降低混凝土绝热温升值。

C. 项目部施工员已按设计资料和施工方案对参加普通防水混凝土施工的操作工人进行了书面技术交底。

D. 按设计资料计算工程量，制定防水混凝土材料需要量计划。

E. 准备工程施工过程中必要的施工机具、运输机具以及安全用具等。

F. 当地下水位较高时，地下防水工程施工期间，要做好降水、排水工作。

G. 所有预埋件和预留孔均应预先埋入、预先留设。

② 混凝土的配置

A. 普通防水混凝土配合比设计：

砂率宜为 35%～40%；灰砂比宜为 1：1.5～1：2.5；水胶比不得大于 0.50，有侵蚀性介质时水胶比不宜大于 0.45。防水混凝土水灰比应符合表 5-2 规定。

防水混凝土水灰比 表 5-2

抗渗等级	最大水灰比	
	C20～C30	C30 以上
P6	0.55	0.55
P8～P12	0.55	0.5
P12 以上	0.5	0.45

B. 混凝土应严格按照选定的施工配合比配制，根据当天的测定骨料含水率，计算出施工配合比各材料实际用量，各种材料用量要逐一计量。水泥、水计量允许偏差不应大于±1%；砂、石计量允许偏差不应大于±2%。

混凝土搅拌时，进入料斗的装料顺序依次为石子水泥砂水，投料先干拌 0.5～1min 再加水，水分 3 次加入。

C. 控制搅拌时间：防水混凝土应采用机械搅拌，搅拌时间不应小于 2min。

D. 选购商品混凝土应遵照《预拌混凝土》GB/T 14902—2012 的相关规定执行。

E. 混凝土坍落度允许偏差必须符合表 5-3 的规定。

混凝土坍落度允许偏差 表 5-3

要求坍落度（mm）	允许偏差（mm）
≤40	±10
50～90	±15
≥100	±20

③ 运输

普通防水混凝土运输应保持连续均衡，间隔时间不应超过 1.5h，在初凝前浇筑完毕。

普通防水混凝土拌合物在运输后如出现离析，必须进行二次搅拌。当坍落度损失后不能满足施工要求时，应加入原水胶比的水泥浆或二次掺加减水剂进行搅拌，严禁直接加水。

④ 混凝土浇筑

浇筑前，应将模板内杂物清理干净，木模用水湿润模板，浇筑时，若入模自由高度超过 3m，则需用串筒、溜槽辅助工具或其他有效办法将混凝土送入，以防离析和造成石子滚落堆积，影响质量。

普通防水混凝土应分层连续浇筑，分层厚度不得大于 500mm。

普通防水混凝土必须采用高频机械振捣密实，振捣时间为 10～30s，以混凝土泛浆和不冒气泡不下沉为准，应避免漏振、欠振和超振。

铺灰和振捣宜选择对称位置开始，防止模板走动。浇筑时，要分层铺混凝土，分层振捣；混凝土分层厚度：当采用插入式振捣器时为振捣器作用部分长度的 1.25 倍，当表面振动时不应超过

200mm，浇筑到最上层表面，必须用木抹找平，使表面密实平整。

在普通防水混凝土结构中有密集管群穿过处，预埋件或钢筋稠密处，浇筑混凝土有困难时，可采用相同抗渗等级的细石混凝土浇筑；预埋大管径的套管或面积较大的金属板时，应在其底部开设浇筑振捣孔，以利排气、浇筑和振捣。

普通防水混凝土应连续浇筑，分层浇筑时上层混凝土必须在下层混凝土初凝前浇筑完成，否则应留置施工缝。

⑤ 大体积防水混凝土施工

应采取降低水化热防止混凝土开裂、渗漏。

宜采用混凝土 60d 强度作为设计强度。

采用矿渣水泥，掺加粉煤灰、磨细矿渣粉。在炎热季节施工时，对于砂石等原材料洒水降温。

确保混凝土中心温度与表面温度的差值不应大于 25℃，混凝土表面温度与大气温度的差值不应大于 25℃。

⑥ 养护

普通防水混凝土养护防水混凝土终凝后应立即进行养护，养护时间不得小于 14d。浇水养护次数应能保持混凝土充分湿润，并用湿草袋或薄膜覆盖混凝土的表面，避免曝晒。冬期施工应有保暖、保温措施。普通防水混凝土不宜采用电热法养护。

⑦ 拆模及回填土

防水混凝土不宜过早拆模。底模及其支架拆除时的混凝土强度应符合设计要求；当设计无具体要求时，要符合表 5-4 的规定。拆模时防水混凝土表面温度与周围气温之差不得超过 15℃，以防混凝土表面出现裂缝。

底模拆除时的混凝土强度要求表　　　表 5-4

构件类型	构件跨度（m）	达到设计的混凝土立方体抗压强度标准值的百分率%
板	≤2	≥50
	>2，≤8	≥75
	>8	≥100

构件类型	构件跨度（m）	达到设计的混凝土立方体抗压强度标准值的百分率%
梁、拱、壳	≤8	≥75
	>8	≥100
悬臂构件	—	≥100

拆模后应及时回填土并夯实，严格控制回填土的含水率以及压实度，雨雪天应注意采取防滑措施，先将靠近结构周围的积雪冰碴清除干净方可回填。应在地面做好结构周围的散水，散水宽度应大于800mm，横向坡度大于5%，每隔6m留设伸缩缝。

3）地下普通防水混凝土施工缝做法

① 施工缝的留设

普通防水混凝土施工缝的留设，应遵守下列规定：

A. 墙体水平施工缝不应留在剪力与弯矩最大处或底板与侧墙的交接处，应留在高出底板表面不小于300mm的墙体上。拱（板）墙结合的水平施工缝，宜留在拱（板）墙接缝线以下150～300mm处。墙体有预留孔洞时，施工缝距孔洞边缘不应小于300mm。

B. 垂直施工缝应避开地下水和裂隙水较多的地段，并宜与变形缝相结合。

② 施工缝的施工

水平施工缝浇灌混凝土前，应将其表面浮浆和杂物清除，先铺净浆，再铺30～50mm厚的1∶1水泥砂浆或涂刷混凝土界面处理剂，并及时浇灌混凝土。

垂直施工缝浇灌混凝土前，应将其表面清理干净，并涂刷水泥净浆或混凝土界面处理剂，并及时浇灌混凝土。

选用的遇水膨胀止水条应具有缓胀性能，其7d的膨胀率不应大于最终膨胀率的60%，最终膨胀率宜大于220%。

遇水膨胀止水条应牢固地安装在缝表面或预留槽内。

采用中埋式止水带时，应确保位置准确、固定牢靠。

（2）掺外加剂防水混凝土施工

1）掺外加剂防水混凝土地下工程防水施工工艺

① 基本做法

依靠掺入少量的有机或无机物外加剂来改善混凝土的和易性，提高密实性和抗渗性，以适应工程需要。适用于防水等级为1～4级的地下整体式混凝土结构；不适用环境温度高于80℃或处于耐侵蚀系数小于0.8的侵蚀性介质中使用的地下工程。

② 工艺流程

参考普通防水混凝土。

③ 施工步骤

参考普通防水混凝土。

2）掺外加剂防水混凝土屋面防水施工工艺

① 基本做法

由普通细石混凝土掺入减水剂、防水剂等非膨胀性外加剂浇筑成的防水混凝土。适用于工业与民用建筑中无保温层的细石混凝土屋面防水工程以及防水等级为Ⅰ～Ⅲ级的屋面防水；不适用于设有松散材料防水层的屋面以及受较大震动或冲击的坡度大于15％的建筑屋面。

② 工艺流程

施工准备→清理基层→涂刷隔离层→铺设钢筋网→设置分格缝→浇筑混凝土→二次压光→养护→嵌缝→质量验收→成品保护

③ 施工步骤

A. 施工准备

a. 施工过程中所用到的水泥，粗、细骨料，水和外加剂等材料都符合规范要求，确定好混凝土配合比。材料按计划进场，需复检的已有复检报告。

b. 准备施工过程中必要的施工机具、运输机具以及安全用具等。

c. 项目部施工员已按设计资料和施工方案对施工的操作工

人进行了书面技术交底。

d. 屋面结构层及找平层已施工完毕，并办理交接验收手续。基层表面应平整坚实，不得有起砂、裂缝、松动等现象。

e. 施工气温宜在 5～35℃，不得在负温或烈日曝晒条件下施工。

B. 清理基层

清除干净基层上的所有杂物，并对基层充分洒水湿润，基层上不得留有积水。

C. 涂刷隔离层

一般采用废机油、滑石粉作隔离层，板面应干燥，涂刷要均匀，不得漏涂。涂刷后随即撒滑石粉，总厚度不小于 1mm。

D. 铺设钢筋网

在平面上按常规方法铺设钢筋网，不得在立墙转角处减少或漏铺钢筋网。钢丝网片在分格缝处应断开，网片应垫砂浆或塑料块，上部保护层厚度应为 10～15mm。

E. 设置分格缝

分格缝一般设在屋面板的支承端（与屋面板缝对齐）、屋面转折处、防水层与结构的交接处，其纵横向间距不宜大于 6m。

分格缝木条做成上口宽 20～40mm、下口宽 20mm，高度等于防水层厚度，木条埋入部分应涂刷隔离剂，除屋脊处设置纵向分格缝外，应尽量不设纵向缝。分格缝内应嵌填密封材料。

F. 浇筑混凝土

混凝土水灰比不应大于 0.55，每立方米混凝土中水泥和掺合料用量不应小于 330kg/m³，砂率宜为 35%～40%，灰砂比宜为 1∶2～1∶2.5。

拌制混凝土：散装水泥、砂、石投料前过磅，根据混凝土配合比投料搅拌。先投料干拌 0.5～1min，加入水后搅拌 1～2min。在雨季，必须每天测定含水率，调整水的用量。现场非泵送混凝土坍落度控制在 6～8cm，泵送预拌混凝土坍落度控制在 14～16cm。

混凝土运输：混凝土运输应保持连续性，间隔时间不超过1.5h，应防止漏浆和离析。浇筑前如果出现离析，进行二次拌合；在夏季或运输距离长时，适当加入缓凝剂。

混凝土浇筑：屋面防水层混凝土的浇筑，应先浇筑边角处。混凝土防水层与立墙及突出屋面结构等交接处，均应做柔性密封处理，平滑过渡，减小应力集中，用机械或人工振捣密实。最后集中浇筑平面部分，用机械振捣密实。浇筑混凝土应连续进行，中途不得停顿。混凝土从搅拌出料至浇筑完毕的间隔时间不得超过2h。

G. 二次压光

混凝土浇筑初凝后，用人工或抹光机械进行二次压光抹平，在进行压光抹平时不得在表面洒水、撒水泥浆或撒干水泥，保证混凝土表面密实，提高抗渗能力。

H. 养护

屋面防水混凝土的养护一般采用自然养护，即在自然条件下，采取浇水湿润或防风、防水等措施养护；露天养护时，视混凝土的凝结情形要及时用草袋覆盖洒水养护，不得曝晒和被大雨冲刷，养护时间不少于14d，养护初期严禁上人踩踏。

I. 嵌缝

混凝土经养护并干燥其强度达80％以上时方可进行嵌缝作业。油膏嵌缝作业是杜绝楼面渗漏的关键工序，要严格遵守施工方案和施工工艺。嵌缝时一定要彻底清除干净分格缝内的污垢及其杂物，然后按规范要求喷刷底子油，待干燥后，用油膏将嵌缝压紧压实。

J. 质量验收

混凝土防水层的材料质量必须符合设计要求及现行国家标准。混凝土防水层的铺设厚度、钢筋网铺设、分格缝的设置、排水管道及线路设置以及干燥后所达到的强度均应符合设计图纸中的规定要求。图纸中未明确的，其各项验收要求不得低于现行国家标准的规定；混凝土防水层浇筑完工，经养护强度达设计强度后，进行大雨、淋水、蓄水检验，无渗漏或积水现象；其表面坚实、牢固、连续、光滑，无鼓泡、裂缝、起皮等缺陷为合格。

K. 成品保护

为确保现浇混凝土防水层质量，在养护期间，不得在其上面摆放重物和有人行走。只有强度达到设计强度的 80% 以上，方可允许在其上行走或进行下道工序的作业；不得在已施工完备的混凝土防水层上凿眼、打洞或通过屋面运送重物。

（3）掺纤维补偿收缩防水混凝土施工

1）基本做法

在普通混凝中加入适量的膨胀剂，补偿混凝土在硬化过程中的干缩和冷缩，形成补偿收缩混凝土，另外在混凝土中掺加一定量的纤维，形成一个三维的纤维网架，来吸收温差和干湿变化等产生的定向拉应力，从而保证结构的均匀密实性，消除混凝土中的有害裂缝，提高材料的防水能力。适用于超长超宽或大面积的屋面和楼面防水工程。

2）工艺流程

施工准备→清理基层→设置标高→设置膨胀带→浇筑混凝土→机械找平→二次压光→养护

3）施工步骤

① 施工准备

A. 材料准备：

水泥：混凝土水泥选用普通硅酸盐水泥，0.08mm 筛余控制在 4%～8%。单方水泥用量应尽量降低。

砂：采用 0.3～3mm 中砂，应严格控制在砂中的砾石含量以及含泥量，其砂率控制在 35%～40%，含泥量控制在 1% 以下。

碎石：采用 5～15mm 连续级配的石灰石。

纤维：易于分散的长度为 19mm 的改性聚丙烯纤维，每立方混凝土掺入量为 0.9kg。

水：采用饮用水或清洁水。为保持混凝硬化性能，单位用水量应控制在＜180kg/m³。

B. 坍落度

泵送混凝土坍落度控制在 180±20mm，非泵送混凝土坍落度控制在 60～80mm。

C. 凝结时间

根据浇筑混凝土数量和施工机械安排及施工季节，可以将混凝土凝结时间确定为 8～16h。

② 清理基层

清除干净基层上的所有杂物，并对基层充分洒水湿润，基层上不得留有积水。

③ 设置标高

设好标高控制点，在预留的柱插筋上标记好留设的水平标高。

④ 设置膨胀带

膨胀加强带要求设置在混凝土收缩应力发生的最大部位，一般也就是长度方向的中间位置，在顶板长度和宽度方向上各每间隔 30m 设一条膨胀加强带，带宽 2.0m，带的两侧布置 Φ6mm 钢丝网，将带内混凝土与带外混凝土分隔开，钢丝网垂直布置在上下层（或内外层）钢筋之间，两端分别绑扎在上下层（或内外层）钢筋上。

带内增设 10％～15％的水平温度钢筋，均匀布置在上下层（或内外层）钢筋上，水平温度钢筋垂直于膨胀加强带长度方向进行分布，两端各伸出膨胀加强带 2.0m，并固定在上下层（或内外层）钢筋上。

带内采用设计强度等级比相邻非加强带混凝土强度等级高一级的混凝土进行浇筑，外掺适量膨胀剂。

⑤ 浇筑混凝土

整个混凝土浇筑过程，要按一个方向同时施工，保持连续性。浇筑到膨胀加强带时，应改换高一强度等级的混凝土配合比浇筑膨胀加强带内混凝土；也可以采用膨胀加强带内外混凝土分别各用一台混凝土输送泵浇筑的方法，无论采取哪种方法，都应使膨胀带内外混凝土很好地结合。混凝要平行轴线摊铺，布料要均匀。混凝土振捣必须密实，不能漏阵、欠阵，也不能过振。使用插入式振动器应做到快插慢拔，插点要均匀排列，逐点移动，按顺序进行，不得遗漏，做到均匀振实。移动间距不大于振动棒作用半径的 1.5 倍（一般为 300～400mm），与模板的距离不应大于其作用半径的 0.5 倍，并不应碰撞模板、钢筋和预埋件。对于一些工程中的大体积混凝土宜采用二次振捣工艺。

⑥ 机械找平与二次压光

混凝土经振捣、初步找平、压实后，采用机械抹光提浆机处理混凝土表面，进一步使混凝土表面均匀密实，控制收缩应力，达到初步平整。待表面收水硬化后进行第二次人工压光。

⑦ 养护

混凝土浇筑完成后，应及时进行潮湿养护，养护期不得少于 14d。

常温施工时，可采取覆盖塑料薄膜并定时洒水、铺湿麻袋等方式。

冬期施工时，构件拆模时间应延至 7d 以上，表层不得直接洒水，可采用塑料薄膜保水，薄膜上部再覆盖岩棉被等保温材料。

（三）防水砂浆施工

1. 防水砂浆的种类及适用范围

（1）普通防水砂浆

由水泥加水配制的水泥素浆和由水泥、砂、水配制的水泥砂浆，将其分层交替抹压密实，以使每层毛细孔通道大部分被切断，残留的少量毛细孔也无法形成贯通的渗水孔网，构成一个多层次的整体防水层，具有较高的防水和抗渗性能。适用于建筑工程中地下混凝土或砌体结构上采用多层抹面的普通水泥砂浆防水层施工，不适用于环境有侵蚀性、持续振动或使用温度高于80℃的地下工程。

（2）掺外加剂防水砂浆

在水泥砂浆中掺入各类防水剂以提高砂浆的防水性能，常用的掺防水剂的防水砂浆有氯化物金属盐类防水砂浆、氯化铁防水砂浆、金属皂类防水砂浆和超早强剂防水砂浆等。适用于厕浴间、屋面等水泥砂浆防水层工程的施工。

（3）聚合物防水砂浆

聚合物防水砂浆是在水泥砂浆中掺入一定量的聚合物（如有机硅、氯丁胶乳、丙烯酸乳液等），起到封闭、堵塞毛细孔道的作用，从而使砂浆具有良好的抗渗、抗裂和防水性能。主要用于地下室防渗及渗漏处理，建筑物屋面及内外墙面渗漏的修复，各类水池和游泳池的防水防渗，人防工程，隧道，粮仓，厨房，卫生间，厂房，封闭阳台的防水防渗。

2. 普通水泥砂浆防水层施工

（1）普通水泥砂浆地下工程防水施工工艺

1）基本做法

利用不同配合比的水泥砂浆分层分次施工，相互交替抹压密实，充分切断各层次毛细孔隙，构成一个多层次的整体防水层，具有一定的防水效果。

2）工艺流程

施工准备→拌制砂浆→墙、地面基层处理→刷水泥素浆→抹底层砂浆→刷水泥素浆→抹面层砂浆→刷水泥素浆→养护

3）施工步骤

① 施工准备

A. 技术准备

编制普通水泥砂浆防水层施工方案，并获得审批。

施工前应进行技术交底和作业人员上岗培训。

根据技术要求确定材料品种、性能及需用计划。

确定配合比及各种材料计量方法。

B. 材料准备

水泥：一般采用强度等级大于 32.5MPa 的普通硅酸盐水泥、硅酸盐水泥，不得使用过期或受潮结块的水泥。水泥进场应有产品合格证和复试报告。

砂：宜用中砂，不得含有杂物。含泥量不大于 1%，硫化物和硫酸盐含量不大于 1%，使用前必须过 3mm 孔径的筛。

水：采用自来水或对混凝土无腐蚀性的纯净水。

其他材料：外加剂、掺合料、防水粉及界面剂等，应根据设计要求选用。其产品质量应符合相应的质量标准。

C. 机具准备

机械：砂浆搅拌机。

工具：刮板、铁抹子、阴阳角抹子、灰桶、刷子、靠尺、锤子、铁锹、扫帚、木抹子等。

② 拌制砂浆

砂浆应采用机械搅拌，拌合时严格按照配合比加料，拌合要均匀一致，搅拌时间不少于 3min，应随拌随用。

拌合好的砂浆存放时间：普通硅酸盐水泥砂浆，当气温为 5~25℃ 时，不宜超过 60min；当气温为 25~35℃ 时，不宜超过 45min。

③ 混凝土墙抹水泥砂浆防水层

A. 基层处理：混凝土墙面如有蜂窝及松散的混凝土，要剔掉，用水冲刷干净，然后用 1:3 水泥砂浆抹平或用 1:2 干硬性水泥砂浆捻实。表面油污应用 10% 浓度的火碱溶液刷洗干净，混凝土表面应凿毛。

B. 刷水泥素浆：配合比为水泥:水:防水油＝1:0.8:0.025（重量比），先将水泥与水拌合，然后再加入防水油搅拌均匀，再用软毛刷在基层表面涂刷均匀，随即抹底层防水砂浆。

C. 抹底层砂浆：底层砂浆，用 1:2 水泥砂浆，加水泥重量 3%~5% 的防水粉，水灰比为 0.4~0.5，稠度为 7~8cm。先将防水粉和水泥、砂子拌匀后，再加水拌合。搅拌均匀后进行抹灰操作，底灰抹灰厚度为 5～10mm，在抹灰凝固之前用扫帚扫毛。砂浆要随拌随用。拌合及使用砂浆时间不宜超过 60min，严禁使用过夜砂浆。

D. 刷水泥素浆：在底灰抹完后，常温时隔 1d，再刷水泥素浆，配合比及做法与第一层相同。

E. 抹面层砂浆：刷过素浆后，紧接着抹面层，配合比同底层砂浆，抹灰厚度在 5～10mm 左右，凝固前要用木抹子搓平，用铁抹子压光。

F. 刷水泥素浆：面层抹完后 1d 刷水泥素浆一道，配合比为水泥∶水∶防水油＝1∶1∶0.03（重量比），做法和第一层相同。

G. 砖墙抹水泥砂浆防水层

砖墙抹防水层时，必须在砌砖时划缝，深度为 10～12mm。穿墙预埋管露出基层，在其周围剔成 20～30mm 宽，50～60mm 深的槽，用 1∶2 干硬性水泥砂浆捻实。管道穿墙应按设计要求做好防水处理，并办理隐检手续。

a. 基层浇水湿润：抹灰前一天用水管把砖墙浇透，第二天抹灰时再把砖墙洒水湿润。

b. 抹底层砂浆：配合比为水泥∶砂＝1∶2.5，加水泥重 3% 的防水粉。先用铁抹子薄薄刮一层，然后再用木抹子上灰，搓平，压实表面并顺平。抹灰厚度为 6～10mm 左右。

c. 刷水泥素浆：底层抹完后 1～2d，将表面浇水湿润，再抹水泥防水素浆，掺水泥重 3% 的防水粉。先将水泥与防水粉拌合，然后加入适量水搅拌均匀，用铁抹子薄薄抹一层，厚度在 1mm 左右。

d. 抹面层砂浆：抹完水泥素浆之后，紧接着抹面层砂浆，配合比与底层相同，先用木抹子搓平，后用铁抹子压实、压光。抹灰厚度在 6～8mm 之间。

e. 刷水泥素浆：面层抹灰 1d 后，刷水泥素浆，配合比为水泥∶水∶防水油＝1∶1∶0.03（重量比），方法是先将水泥与水拌匀后，加入防水油再搅拌均匀，用软毛刷子将面层均匀涂刷一遍。

④ 地面抹水泥砂浆防水层

A. 地面清理基层时，将垫层上松散的混凝土、砂浆等清洗干净，凸出的鼓包剔除。

B. 刷水泥素浆：配合比为水泥：防水油＝1：0.03（重量比），加上适量水拌合成粥状，铺摊在地面上，用扫帚均匀扫一遍。

C. 抹底层砂浆：底层用1：3水泥砂浆，掺入水泥重3％～5％的防水粉。拌好的砂浆倒在地上，用杠尺刮平，木抹子顺平，铁抹子压一遍。

D. 刷水泥素浆：常温间隔1d后刷水泥素浆一道，配合比为水泥：防水油＝1：0.03（重量比）加适量水。

E. 抹面层砂浆：刷水泥素浆后，接着抹面层砂浆，配合比及做法用底层。

F. 刷水泥素浆：面层砂浆初凝后刷最后一遍素浆（不要太薄，以满足耐磨的要求），配合比为水泥：防水油＝1：0.01（重量比），加适量水，使其与面层砂浆紧密结合在一起，并压光、压实。

G. 养护：待地面有一定强度后，表面盖麻袋或草袋经常浇水湿润，养护时间视气温条件决定，一般为7d，矿渣硅酸盐水泥不应少于14d，此期间不得受静水压作用。

⑤ 抹灰程序，接槎及阴阳角做法

抹灰程序，一般先抹立墙后抹地面。槎子不应甩在阴阳角处，各层抹灰槎子不得留在一条线上，底层与面层接槎在15～20cm之间，接槎时要先刷水泥防水素浆。所有墙的阴角都要做半径50mm的圆角，阳角做成半径为10mm的圆角。地面上的阴角都要做成50mm以上的圆角，用阴角抹子压光、压实。

5层做法总厚度控制在20mm左右。多层做法宜连续施工，各层紧密结合，不留或少留施工缝，如必须留时应留成阶梯槎，接槎要依照层次顺序操作，层层搭接紧密，接槎位置均需离开阴角处 200mm。

⑥ 季节性施工

水泥砂浆防水层室外施工时，不宜在雨天及 5 级以上大风中施工。冬期施工时，气温不应低于 5℃。夏季施工时，不应在 35℃ 以上或烈日照射下施工。

3. 掺外加剂水泥砂浆防水层施工

（1）掺外加剂防水砂浆厕浴间防水施工基本做法

外加剂水泥砂浆防水层就是在水泥砂浆中掺入各种有机或无机化学填料组成的防水剂，提高砂浆的不透水性，达到防水目的。

（2）工艺流程

施工准备→拌制砂浆→清理基层→刷第一层防水素浆→刷第二层防水砂浆→刷第三层防水素浆→刷第四层防水砂浆→养护

（3）施工步骤

1）施工准备

A. 材料准备

水泥：标号不低于 42.5MPa 的普通硅酸盐水泥或 42.5MPa 矿渣硅酸盐水泥。

砂：洁净中砂或细砂，粒径不大于 3mm，含泥量不大于 2%。

外加防水剂：宜采用氯化物金属盐类防水剂，质量符合要求。

水：自来水或洁净天然水，不得含有糖类、油类等有害杂质。

B. 机具准备

施工机具：砂浆搅拌机、磅秤、台秤、手推车、卷扬机、井架、铁锹、木刮板、木抹子、铁抹子和抹光机、水准仪、水平尺等。

2）拌制砂浆

防水素浆：将外加防水剂置于桶中，再逐渐加入水，搅拌均匀，然后加入水泥，反复拌匀。

防水砂浆：防水砂浆应采用机械搅拌，以保证水泥砂浆的匀质性。拌制时要严格掌握水灰比，水灰比过大，砂浆易产生离析现象；水灰比过小则不易施工。施工时应将防水剂与定量用水配制成混合液。拌制砂浆时，先将水泥和砂投入砂浆搅拌机内干拌均匀（色泽一致），然后加入混合液，搅拌 1～2min 即可。每次拌制的防水素浆和防水砂浆应在初凝前用完，配合比设计见表5-5。

配合比设计 表 5-5

砂浆类型及作用		水泥	砂	水	防水剂	说明
掺氯化物金属盐类防水剂	防水素浆	8	—	5	1	配合比为体积比、砂用黄砂
	防水砂浆	8	3	5	1	

3）清理基层

将基层清扫干净，基层应找坡正确，排水畅通，表面平整、坚实，不起灰、不起砂、不开裂等。

4）刷第一层防水素浆

第一层素灰浆厚 2mm。分两次抹压，基层浇水湿润后，先均匀刮抹 1mm 后素灰作为结合层，并用铁抹子均匀往返用力刮抹 5～6 遍，使素灰填实基层孔隙，以增加防水层的黏结力，随后再抹 1mm 厚素灰找平层，厚度要均匀。抹完后，用湿毛刷或排刷蘸水在素灰层表面依次均匀水平涂刷一遍，以堵塞或填平毛细孔道，增加不透水性，形成防水层的第一道防线。

5）刷第二层防水砂浆

第二层水泥砂浆厚度 4～5mm。在素灰初凝时进行，即当素灰干燥到手指能按入水泥浆层 1/4～1/2 时进行，抹压要轻，以免破坏素灰层，但也要使水泥砂浆层薄薄压入素灰层约 1/4 左右，以使第一、第二层结合牢固。水泥砂浆初凝前，用扫帚将表面扫成横条纹，起骨架和保护素灰作用。

6）刷第三层防水素浆

第三层素灰厚度 2mm。待第二层水泥砂浆凝固并具有一定强度后（一般隔 24 小时），适当浇水湿润后再刷第三层防水素浆，操作方法同第一层，其作用也和第一层相同。施工时若第二层表面析出有游离氢氧化形成的白色薄膜，则需要用水冲洗并刷干净后再进行第三层，以免影响二、三层之间的黏结，形成空鼓。

7）刷第四层防水砂浆

第四层水泥砂浆厚度 4～5mm。配合比与操作方法同第二层水泥砂浆，但抹完后不扫条纹，而是在水泥砂浆凝固前，水分蒸发过程中，分次用铁抹子抹压 5～6 遍，以增加密实性，最后再压光。

每次抹压间隔时间应视施工现场湿度的大小、气温的高低及通风条件而定，一般抹压前三遍的间隔时间为 1～2h，最后从抹压到压光，夏季约 10～12h，冬季最长 14h，以免因砂浆凝固后反复抹压而破坏表面的水泥结晶，使强度降低，产生起砂现象。由于水泥砂浆凝固前抹压了 5～6 遍，增加了密实性，因此不仅起着保护第三层素灰和骨架的作用，还有防水作用。

8）抹灰程序及阴阳角做法

抹灰程序宜先抹顶棚再抹立面后抹地面，分层铺抹，铺抹时压实抹干和表面压光。防水层阴角应做成小"八"字角，角边长宜为 3cm。

9）养护

防水层终凝后应保持潮湿进行养护，养护期一般为 14d。

4. 聚合物水泥砂浆防水层施工

（1）阳离子氯丁胶乳水泥防水砂浆

1）基本做法

阳离子氯丁胶乳水泥防水砂浆是用一定比例的水泥、砂，并掺入水泥量 10%～20% 的阳离子氯丁胶乳，一定量的稳定剂、消泡剂和适量的水，经搅拌混合均匀配制而成的一种具有防水性能的聚合物水泥砂浆。

2）工艺流程

施工准备→配置砂浆→清理基层→涂刷胶乳水泥浆→抹胶乳水泥砂浆→水泥砂浆保护层→养护

3）施工步骤

① 施工准备

A. 材料准备

水泥：应采用强度等级不低于 32.5 级普通硅酸盐水泥或其他各种硅酸盐水泥。

砂：洁净中砂，粒径 3mm 以下，并过筛。

胶乳混合液：阳离子氯丁胶乳。

复合助剂：即稳定剂及消泡剂。稳定剂用于减少或防止胶乳在搅拌过程中出现析出及凝聚现象。稳定剂的选择要按乳液的 pH 值确定，通常中性或弱碱性溶液要采用阳离子型。

水：采用不含有害物质的洁净水。

B. 机具准备

铁抹子、木抹子、阴阳角抹子、灰桶、刷子、靠尺、榔头尖凿子、铁锹、扫帚、木刮板等。

② 作业条件

地下室预留孔洞及排水管道安装完毕，并办理隐蔽验收手续。

混凝土墙、地面，如有蜂窝及松散要剔除，后浇带、施工缝要凿毛，用水冲刷干净。先涂素水泥浆或 1∶1 水泥浆掺 10% 的 107 胶（聚乙烯醇缩甲醛胶黏剂）薄涂一层，厚度 2mm，然后用 1∶3 水泥砂浆找平或用 1∶2 干硬性水泥砂浆填压实，表面有油污应用 10% 浓度的烧碱（氢氧化钠）溶液刷洗干净。

混合砂浆砌筑的砖墙上抹防水层时，必须在砌砖时划缝，深度为 8～10mm。

预埋件、预埋管道露出基层时必须在其周围剔成 20～30mm宽、50～60mm 深的沟槽，用 1∶2 干硬性水泥砂浆填压实。

气温在 5℃ 以上和 40℃ 以下，风力在四级以下及夏季露天施工需做好防雨防晒工作。

当工程在地下水位以下时，应将水位降至抹灰面以下方可施工。

旧工程结构地下防水施工前，如有渗漏水现象应在防水层正式施工前堵好。

③ 配置砂浆

A. 配合比：阳离子氯丁胶乳水泥防水砂浆按技术交底或规定进行配合比。

B. 配制方法：按配方先把阳离子氯丁胶乳装入桶内，再加入稳定剂、消泡剂及适量的水，混合搅拌均匀，即成混合乳液。同时，要按配方把水泥和砂干拌均匀后，再把混合乳液加入，用人工或机械搅拌均匀，就能使用。

④ 清理基层

清理表面积水、污垢、浮土等杂物，凿毛后用清水冲洗干净。

表面缝隙、孔洞或穿墙管道的周围应凿成 V 形或环形沟槽，并用阳离子氯丁胶乳水泥砂浆堵塞抹平。

如有渗漏情况，应先用速凝剂水泥浆进行堵漏处理，再用氯丁胶乳水泥砂浆罩面，封堵漏水部位。

⑤ 涂刷胶乳水泥浆

在外理好的基层表面上，均匀涂刷胶乳水泥浆一遍，并仔细封堵孔洞和缝隙。

⑥ 抹胶乳水泥砂浆

胶乳水泥浆涂刷 15min 后，将混合好的胶乳水泥砂浆抹在基层上，并顺着一个方向边压边抹平，一次成活。一般垂直面每次抹面厚度为 5～8mm，水平面为 10～15mm。施工顺序为先墙面后地面。

胶乳砂浆施工后，检查表面如有明显孔洞或裂缝，则须用胶乳水泥浆涂刷一遍，以增加防水表面的密实度。

⑦ 水泥砂浆保护层

在防水层表面作普通水泥砂浆保护层，一般在胶乳砂浆初凝（大约 4h）后进行。

⑧ 养护

胶乳水泥砂浆养护以采用干湿交替为宜，早期（施工后 7d 内）保持湿养护，后期则在自然条件下养护，以使胶乳在干燥状态下脱水固化。在潮湿的地下室施工时，可以自然养护。

（2）有机硅水泥防水砂浆

1）基本做法

有机硅防水剂主要成分是甲基硅酸钠（钾）、高沸硅酸钠（钾），掺入水泥砂浆中起到堵塞内部毛细孔道，提高密实性、抗渗性，从而起到防水作用。

2）工艺流程

施工准备→配置砂浆→清理基层→喷涂硅水→抹结合层→抹防水砂浆→养护

3）施工步骤

① 施工准备

A. 材料准备

水泥：应采用强度等级不低于 32.5 级的普通硅酸盐水泥、膨胀水泥或矿渣硅酸盐水泥。如遇有侵蚀介质作用时应按设计要求选用，不得使用过期或受潮结块的水泥。

砂：洁净中砂，粒径 3mm 以下，并过筛。

外加剂：聚乙烯醇缩丁醛胶粘剂（108 胶）与聚乙烯醇缩甲醛（丁醇）两种制作水泥砂浆可提高黏结力。

有机硅防水剂：比重以 1.24～1.25 为宜，外观无色或浅黄色水溶液，无沉淀物，其技术性能应符合国家或行业标准一等品及以上的质量要求。

B. 机具准备

铁抹子、木抹子、阴阳角抹子、灰桶、刷子、靠尺、榔头尖凿子、铁锹、扫帚、木刮板等。

C. 作业条件

a. 地下室预留孔洞及排水管道安装完毕，并办理隐蔽验收手续。

b. 混凝土墙、地面，如有蜂窝及松散要剔除，后浇带、施工缝要凿毛，用水冲刷干净。先涂素水泥浆或 1：1 水泥浆掺 10% 的 108 胶（聚乙烯醇缩甲醛胶黏剂）薄涂一层，厚度 2mm，然后用 1：3 水泥砂浆找平或用 1：2 干硬性水泥砂浆填压实，表面有油污应用 10% 浓度的烧碱（氢氧化钠）溶液刷洗干净。

c. 混合砂浆砌筑的砖墙上抹防水层时，必须在砌砖时划缝，深度为 8～10mm。

d. 预埋件、预埋管道露出基层时必须在其周围剔成 20～30mm 宽、50～60mm 深的沟槽，用 1：2 干硬性水泥砂浆填压实。

e. 气温在 5℃ 以上和 40℃ 以下，风力在四级以下及夏季露天施工需做好防雨防晒工作。

f. 当工程在地下水位以下时，应将水位降至抹会面以下方可施工。

g. 旧工程结构地下防水施工前，如有渗漏水现象应在防水层正式施工前堵好。

② 配置砂浆

A. 有机硅防水剂硅水的配制

有机硅防水剂：水＝1：7～9（重量比）

B. 防水砂浆配合比

配合比设计　　　　　　　　　　　　表 5-6

层次	硅水配合比 防水剂：水	砂浆配合比 水泥：硅：硅水
结合层水泥浆膏	1：7	1：0：0.6
底层防水砂浆	1：8	1：2：0.5
面层防水砂浆	1：9	1：2.5：0.5

③ 清理基层

清理表面积水、污垢、浮土等杂物，凿毛后用清水冲洗干净。表面有裂缝、凹凸不平处，应用 108 胶聚合物水泥浆或水泥防水砂浆修补，待干燥后再进行防水处理。

④ 喷涂硅水

喷刷 1～2 道硅水（1∶7）并在潮湿状态下进行下道工序。

⑤ 抹结合层

在基层上抹 2～3mm 的水泥灰浆膏。水泥灰浆膏需边拌边刮抹，待其达到初凝时再进行下道工序，面层厚度为 4～5mm。

⑥ 抹防水砂浆

采用底层与面层两遍抹法。一般底层厚度为 5～6mm，待底层达到初凝再进行面层施工。

⑦ 养护

防水层全部做完，及时进行保湿养护，不少于 14d，以免出现干缩裂缝，影响防水层的防水效果。

（四）刚性防水施工常见质量缺陷及防治

1. 防水混凝土常见质量缺陷及防治

（1）防水混凝土施工缝渗漏

现象：施工缝处混凝土松散，骨料集中，接槎明显，沿缝隙处渗漏水。

1）原因分析：

① 施工缝留的位置不当，如把施工缝留在混凝土底板上或在墙上留垂直施工缝。

② 施工缝混凝土面没有凿毛，残渣没有冲洗干净，新旧混凝土结合不牢。

③ 在支模和绑扎钢筋过程中，锯末、铁钉等杂物掉入缝内没有及时清除，浇筑上层混凝土后，在新旧混凝土之间形成夹层。

④ 浇筑上层混凝土时，没有先在施工缝处铺一层水泥砂浆，上下层混凝土不能牢固黏结。

⑤ 施工缝未做企口或没有安装止水带。

⑥ 下料方法不当，骨料集中于施工缝处。

⑦ 混凝土墙体单薄，钢筋过密，振捣困难，混凝土不密实。

⑧ 没有采用补偿收缩混凝土，造成接槎部位产生收缩裂缝。

2）防治措施：

① 防水混凝土结构设计，其钢筋布置和墙体厚度，应考虑方便施工，易于保证施工质量。

② 防水混凝土应连续浇筑，少留置施工缝。当需留置施工缝时，应遵守下列规定：

A. 底板、顶板不宜留施工缝，底拱、顶拱不宜留纵向施工缝。

B. 墙体不应留垂直施工缝。水平施工缝不应留在剪力与弯矩最大处或底板与侧墙交接处，应留在高出底板表面不小于300mm的墙体上。当墙体有孔洞时，施工缝距孔洞边缘不应小于300mm。拱墙结合的水平施工缝，宜留在拱（板）墙接缝线以下150～300mm处，先拱后墙的施工缝可留在起拱线处，但必须加强防水措施。

C. 承受动力作用的设备基础，不应留置施工缝。

③ 认真清理施工缝，凿掉表面浮粒，用钢丝刷或剁斧将老混凝土面打毛，并用压力水冲洗干净，但不得有积水。冬季为避免余水结冰，应用压缩空气清扫。

④ 混凝土应采用补偿收缩混凝土，即在混凝土中按水泥重量掺入 UEA 微膨胀剂。其掺量一般为水泥重量的10%。

⑤ 浇筑上层混凝土前，木模润湿后，先在施工缝处浇一层与混凝土灰砂比相同的水泥砂浆，增强新旧混凝土黏结。

⑥ 高于 2m 的墙体，宜用串筒或振动溜管下料。

⑦ 施工缝处混凝土要仔细振捣，保证混凝土的密实度。

（2）防水层裂缝

现象：防水层表面出现缝隙大小不等的交叉裂缝。

1）原因分析：

① 因结构变形、基础不均匀沉降等引起的结构裂缝。

② 受大气温度、太阳辐射、雨雪天气、其他热源等影响，若施工过程中温度缝设置不合理，也会产生温度裂缝。

③ 施工中混凝土配合比设计不合理，振捣不密实，后期养护不当等也会产生施工裂缝。

2）防治措施：

① 温差较大时，可采用涂层材料涂刷表面或设架空板，降低内外温差。

② 地基沉降大的地区，振动大的建筑，尽量不采用刚性防水层。

③ 加强结构层刚度，宜采用现浇屋面板，预制板按规范要求认真安装和灌缝。

④ 防水层内配筋按设计要求，安放位置中间偏上。

⑤ 严格控制配合比，材料质量合格，振捣、养护到位。

⑥ 分隔缝位置、间距必须按要求设计。

⑦ 在防水层与结构层之间必须设置隔离层。

⑧ 对开裂防水层，可按下列方法处理：重新用防水水泥砂浆照面；裂缝剔槽，嵌填防水油膏，表面卷材覆盖；裂缝 0.3mm 以内用新型渗透结晶防水剂涂刷；裂缝 0.3mm 以上按分隔缝要求进行重新处理。

（3）防水层起砂空鼓

1）原因分析：

① 混凝土防水层施工质量不好，施工人员没有认真做好压光、压实、收光等工作。

② 基层表面清理不干净，有垃圾、积灰或污染物，影响面层与基层之间的黏结牢固。

③ 没有养护到位。

④ 刚性防水层长期暴露在大气中，混凝土表面碳化、酥松。

2）防治措施：

① 认真做好清理、摊铺、振捣、表面滚压和收平压光、养

护等工作。

② 宜采用外加剂，使用中、粗砂，含泥量控制在 3％以内。

③ 浇筑混凝土应避开炎热、严寒气温施工。

④ 安排专人进行养护，并达到 14d 以上。

⑤ 做架空防水材料保护层。

⑥ 起砂时，可将表面毛化、清理湿润加抹 10mm 厚 1：1.5 防水砂浆。

（4）防水层渗漏

1）原因分析：

① 防水层裂缝。

② 分隔缝裂开，嵌缝材料老化，黏结不良，嵌填不实。

③ 女儿墙、天沟、水落口等各种突出屋面的接缝、施工缝处理不当形成裂缝，从而渗水。

④ 刚性防水不密实。

2）防治措施：

① 采取防止防水层裂缝的措施，保护防水层不开裂。

② 认真进行分隔缝处施工，选择合格嵌缝材料。

③ 细部节点、施工缝按设计及规范要求进行处理。

④ 加强防水层振捣和表面压光，保证混凝土密实性。

⑤ 发现渗漏时，从裂缝位置重新加覆防水层进行修补治理。

2. 防水砂浆常见质量缺陷及防治

（1）防水层空鼓、裂缝、渗漏

1）原因分析：

① 基层表面清理不干净，有垃圾、积灰或污染物，影响面层与基层之间的黏结牢固。

② 水泥砂浆铺设时，基层表面过于干燥，不浇水湿润或湿润不足，因此水泥砂浆铺设后，水泥砂浆中水分很快地被基层吸收，造成砂浆水分失去过快，使水泥颗粒的水化作用不能充分进行，降低面层强度，影响与基层的黏结。

③ 补凹一次抹灰太厚，产生空鼓。

④ 水泥强度低，不安定，砂子太细。

⑤ 配合比设计不合理或者实际施工过程中配合比不准。

⑥ 结构产生了变形。

2）防治措施：

① 认真浇水，进行毛化处理，提前分次浇水湿润，过厚时分层补平。

② 超过35mm厚度时应加挂网片处理；尽量选择强度等级32.5以上普通硅酸盐水泥，不同品种的水泥不可混用；砂子粒径应在0.35～0.5mm，含泥量应小于1％。

③ 严格配合比，保证灰浆质量。

④ 加强操作过程的检查，发现问题及时处理。

⑤ 出现空鼓，应将空鼓部分剔除，边缘成坡形，分层补平抹实。

⑥ 裂缝渗漏处，应采用裂缝漏水的封堵方法修堵。

⑦ 构造裂缝处，应先加固结构，保证不再裂缝后，再用补漏方法修堵。

（2）阴阳角渗漏

1）原因分析：

① 阴阳角处抹灰层薄厚不均匀，灰浆层漏底。

② 接缝留槎不当。

③ 养护不到位。

④ 灰浆下垂产生裂缝。

2）防治措施：

① 阴阳角处抹成圆角过渡，操作留槎位置不能放在阴阳角处。

② 认真对阴阳角进行养护，保证与大面积表面湿度相同。

③ 操作抹面因湿下垂时，调整加水比例，或用水泥干砂吸干。

④ 出现渗漏及时查找原因，补漏修堵。

（3）预埋件部位渗漏

148

1）原因分析：

① 预埋件清除铁锈不完全。

② 预埋件周边抹压次数少，底端漏压。

③ 灰浆抹层过厚或过薄。

④ 预埋件安装不牢，振动后与防水层产生裂缝。

2）防治措施：

① 预埋件安装除锈蚀，清理干净。

② 预埋件在结构中焊点固定牢靠，防止碰撞振动。

③ 预埋件周围与大面积一样，抹压次数到位，灰浆层不宜过厚而收缩，也不宜过薄而漏底。

④ 漏水时，周围剔环形凹槽，分层补漏修堵。

（4）管道穿墙部位渗漏

1）原因分析：

① 管道周围与防水层接触处漏水原因与预埋件部位渗漏原因基本相同。

② 管道带法兰处防水层抹灰困难不到位。

③ 热力管道伸缩变形，使周围防水层破坏。

2）防治措施：

① 常温管道防治措施及治理方法与预埋件的要求相同。

② 带有法兰的管道，要仔细抹各种防水灰浆，保证密封。

③ 认真按管道穿墙节点大样要求进行施工。

（五）刚性防水施工安全技术

1. 防水混凝土施工安全技术

（1）操作人员必须进行岗位培训，持证上岗，定期进行体检。

（2）屋面周边，用 1.2m 以上的架子围栏进行围护。

（3）使用钢筋、混凝土机械必须由专业工种操作，操作时应符合机械的操作规程。

（4）使用井架等垂直运输时，手推车放稳，做好安全防护工作。

（5）严防物体打击事故，不得往下乱扔东西，机具搁置稳当，防止掉下伤人。

（6）施工前进行安全技术交底，进行安全讨论，共识重点防范事项，做到人人心中有数。

（7）操作人员必须遵守操作规程，听从工地指挥，相互配合，消除隐患，防止事故发生。

（8）夜间施工应有足够的照明，专人管理，电线不得随意乱拉使用。

（9）做好冬季用火工作，每处火源由专人管理，并设有可靠的防火措施。

2. 防水砂浆施工安全技术

（1）操作人员必须进行岗位培训，持证上岗，定期进行体检。

（2）对施工配套的机械、设备全部检查，严格按照操作规程进行砂浆机械的使用，保证使用安全，防止机械事故的发生。

（3）使用架子应搭设牢靠，上下架子注意安全。

（4）使用井架垂直运输时，手推车放稳，做好安全防护工作。

（5）严防物体打击事故，不得往下乱扔东西，机具搁置稳当，防止掉下伤人。

（6）施工前进行安全技术交底，进行安全讨论，共识重点防范事项，做到人人心中有数。

（7）使用火源要申请，每处火源由专人管理，并设有可靠的防火措施。

（8）夜间施工应有足够的照明，专人管理，电线不得随意乱拉使用。

（9）操作人员必须遵守操作规程，听从工地指挥，相互配合，消除隐患，防止事故发生。

六、密封材料施工

（一）密封材料施工常用机具

常用的密封材料施工机具名称及用途见表 6-1。

密封材料施工常用机具　　　　　　　表 6-1

机具名称	用途
钢丝刷、平铲、扫帚、毛刷、吹风机	清理接缝部位基层
棕毛刷、容器桶	涂刷基层处理剂
铁锅、铁桶或塑化炉	加热塑化密封材料
刮刀、腻子刀、鸭嘴壶、灌缝车、手动或电动挤出枪	嵌填密封材料
搅拌筒、电动搅拌器	搅拌多组分密封材料
磅秤、台秤	配制时计量

常用的密封材料施工机具如图 6-1 所示：

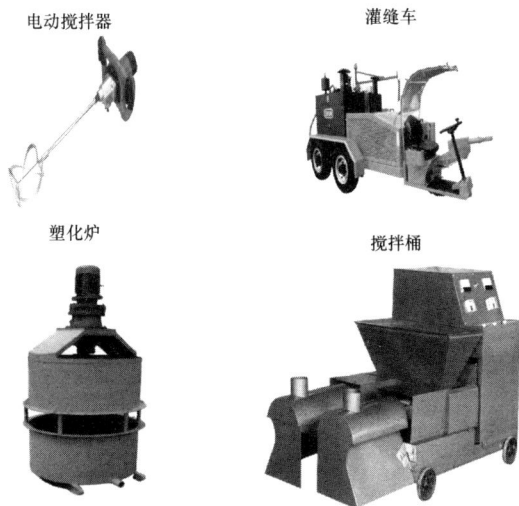

图 6-1　密封材料施工机具

（二）密封材料施工

定型密封材料是指密封材料按照基层接缝的规格特制成一定的形状，以便填嵌构件接缝、穿墙管接缝、变形缝等部位的缝隙，达到防水的要求。包括皮革、麻或石棉绳、软金属、橡胶或塑料密封条、密封垫，且包括埋入接缝内部的刚性或柔性止水环、止水带等。

不定型密封材料又称密封胶（剂），是溶剂型、乳液型、化学反应型等黏稠状的密封材料，按性能分为低弹高模量密封材料、高弹性密封材料、橡塑态密封材料。包括聚氨酯建筑密封膏、聚硫建筑密封膏、丙烯酸酯建筑密封膏等。

1. 屋面接缝密封防水施工

屋面接缝密封材料防水施工是在屋面防水体系设计的接缝上，利用各种密封材料，进行接缝的嵌缝处理，使其达到"加封"、"密封"作用的防水方法。

（1）施工准备

1）材料准备

① 按设计要求和施工工程量选配密封材料及辅助材料，并按规定现场抽样检验，合格后方可使用。

② 密封材料及辅助材料按规定要求贮存、保管。

2）机具准备

根据密封材料的工艺做法，提前准备施工机具，常用的主要机具见表 6-1。

3）现场条件

① 基层清理干净，干燥平整，检查符合防水施工的要求。

② 密封材料严禁在雨、雪天施工，五级及以上大风不得施工。气温、湿度条件需符合各密封材料的具体要求。

③ 密封嵌缝部位基层处理完成，检查合格可以进行嵌缝施工。

（2）屋面接缝密封防水施工程序

屋面接缝密封防水施工程序见图6-2。

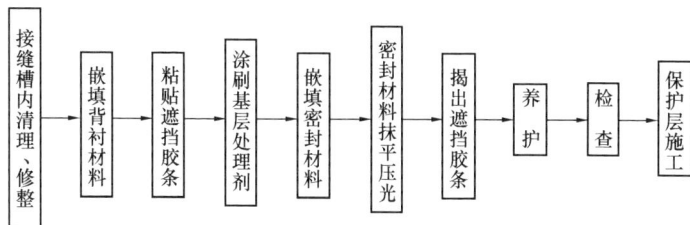

图6-2　屋面接缝密封防水施工程序

（3）屋面接缝密封防水施工工艺

1）嵌填背衬材料

① 定义

背衬材料一般设置在接缝的底部，用于与密封材料不黏结或黏结性能差的材料，主要用于控制密封膏嵌入深度确保两面黏结，使密封材料与底部材料基层脱开，使密封材料有较大的自由伸缩，提高变形能力，常见的背衬材料有沥青麻丝等。一般应根据接缝宽度和深度来确定背衬材料的大小，当接缝深度为最小深度时，只能用隔离条。

② 背衬材料施工

先将背衬材料加工成与接缝宽度和深度相符合的形状（或选购多种规格的背衬材料），再将其压入到接缝里，嵌填密实，表面平整不留任何孔隙；如圆形的背衬材料其直径应大于接缝宽度1～2mm，见图6-3；如方形背衬材料，应与接缝宽度相同或略小

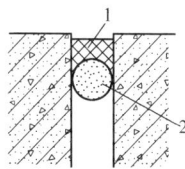

图6-3　圆形背衬材料

于接缝宽度1～2mm；如果接缝较浅，为最小深度时，则可用扁平的隔离垫层隔离，如图6-4；对于具有一定错动的三角形接缝，应在三角形转角处粘贴密封背衬材料，见图6-5；如使用的是隔离条，也应将隔离条制成大小与接缝一般大，再嵌填在

其中。

2）铺设遮挡胶条

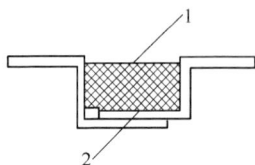

图 6-4　扁平隔离垫层
1—密封材料；2—扁平隔离垫层

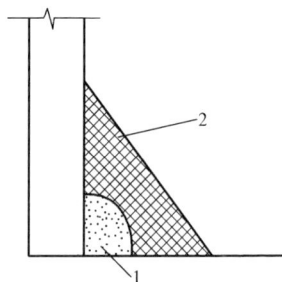

图 6-5　三角形接缝"L"形隔离条
1—密封材料；2—背衬材料

胶条可采用牛皮纸、玻璃胶带、压敏胶带等，一般在涂刷底涂料前粘贴，粘贴时要注意离接缝边适中，见图 6-6；粘贴要牢固，形成直线，保持密封线条美观，在密封材料刮平后，立即揭去；同时，粘在界面上的胶应清除，但又不能影响密封膏的固化。尤其在气温高时，如停留时间过长，遮挡胶条胶粘剂易渗透到被粘贴面上，使遮挡胶条不易揭去，并产生污染。

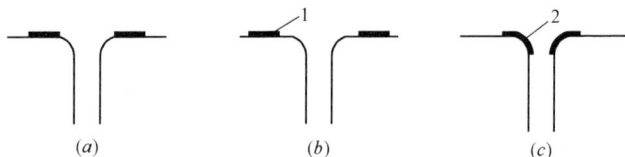

(a)　　　　　(b)　　　　　(c)

图 6-6　遮挡胶条贴法
(a) 正确；(b)、(c) 不正确
1—离接缝边过远；2—贴到接缝内

3）涂刷基层处理剂

基层处理剂用于提高密封材料的黏结性能，对表面疏松、强度低的基层，基层处理剂渗透进去可提高基层强度，并可防止水泥砂浆中的碱性成分析出。

选择：要选择与密封材料化学结构相似、化学性能相近，且与界面和密封材料都有较好的黏结性的基层处理剂，一般可采用密封材料厂家生产或指定的基层处理剂品种。

配料：基层处理剂有单组分和双组分两种，单组分基层处理剂要摇均匀使用；双组分混合时，要严格按照产品说明书中的规定配合比进行，并考虑有效时间内的使用量，不得多配，避免浪费。

涂刷：涂刷基层处理剂一般只施工1～2遍，用大小合适的刷子将接缝周边涂刷薄薄一层，要求涂刷均匀，不得漏涂，在界面上不应出现气泡、斑点，表干后应立即嵌填密封材料，表干时间一般为20～60min，超过24h应重新涂刷基层处理剂。

4）嵌填密封材料

由于基层处理剂一般均含有易挥发溶剂，涂刷后如其溶剂尚未挥发或未完全挥发就嵌填密封材料，会影响密封材料与基层处理剂的黏结性能，降低基层处理剂的使用效果。因此，嵌填密封材料应待基层处理剂表面干燥后立即进行；否则，基层表面易被污染，也会降低密封材料与基层的黏结力。密封材料的嵌填方法分冷嵌法和热灌法两种。冷嵌法施工适合于改性石油沥青密封材料和合成高分子材料施工，热灌法适用于改性煤焦油沥青密封材料施工。

① 热灌法

采用热灌法施工的密封材料，需在现场塑化或加热，塑化用火加热到规定的温度后，应立即运至浇灌地点进行浇灌。该法常用于平面接缝的密封材料防水处理。

加热时，先将热塑性密封材料装入锅中，装锅容量以2/3为宜，然后用文火缓慢加热，使其熔化，并随时用棍棒进行搅拌，使锅内材料温度均匀，加热温度随不同的材料有所不同，如对于聚氯乙烯胶泥一般为110～130℃，最高不超过140℃，用棒式温度计测量控制，方法是：将温度计插入锅中心液面以下100mm

左右，并不断轻轻搅动，至温度计停止升温时，即可测得锅内材料的温度；加现场没有温度计，温度控制以锅内材料液面发亮，不再起泡，并略有青烟冒出为准。热塑型聚氯乙烯建筑防水接缝密封材料现场施工熬制温度不得低于 130℃；当温度达到 135±5℃时，应保持 5min，使其塑化；当温度超过 140℃时，会产生结焦、冒黄烟现象，此时聚氯乙烯失去改性作用。热熔型密封材料现场施工只需化开即可使用，熬制温度不宜过高，但是浇灌时温度不宜低于 110℃；否则，不仅大大降低密封材料的黏结性能，而且会使材料变稠，降低可操作性。

加热到规定温度后，应立即运至现场进行浇灌，浇灌时的温度不宜低 110℃，若运输距离过长时，应采用保温桶运输。

当屋面坡度较小时，可采用特制的灌缝车或塑化炉灌缝，以减轻劳动强度，提高工效。檐口、山墙等节点部位灌缝车无法使用或灌缝量不大时，宜采用鸭嘴壶浇灌。为方便清理，可在桶内薄薄地涂上一层机油，洒上少量滑石粉。灌缝时应从最低标高处开始向上连续进行，尽量减少接头。一般先灌垂直屋脊的板缝，后灌平行屋脊的板缝；纵横交叉处，在灌垂直屋脊时，应向平行屋脊缝两侧延伸 150mm，并留成斜槎，灌缝应饱满，略高出板缝，并浇出板缝两侧各 20mm 左右。灌垂直屋脊板缝时，应对准缝的中部浇灌；灌平行屋脊板缝时，应靠近高侧浇灌，见图 6-7。灌缝完毕后应立即检查密封材料与接缝两侧面的黏结是否良好，有无气泡，若发现有脱开现象和气泡存在，应用喷灯或电烙铁烘烤后压实。

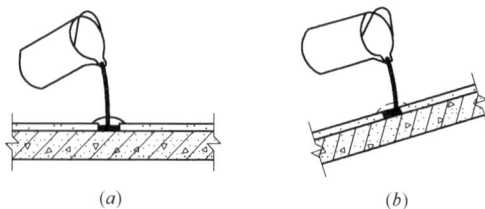

图 6-7　密封材料热灌法施工

（a）灌垂直屋脊板缝；（b）灌平行屋脊板缝

② 冷嵌法

冷嵌法施工大多采用手工操作，用腻子刀或刮刀嵌填，较先进的有采用电动或手动嵌缝枪进行嵌填。

手工嵌缝一般采用二次嵌缝，其施工步骤如下：将密封膏搓成比接缝要稍大长条，进行第一次嵌缝。将搓成长条后的密封膏嵌入接缝中，然后用腻子刀或刮刀将嵌入的密封材料与接缝周边黏结牢固。检查缝内密封效果，确保无气泡，黏结牢固后，方可进行下一步操作。进行第二次嵌缝，第二次嵌缝要注意，逸出接缝面 2cm 左右，高出接缝 0.5～1.0cm，并确保与第一次嵌缝粘贴牢固。将稀释后的密封膏涂刷在接缝面上，形成一层致密的保护膜。在密封膏未固化前应将多余的油膏切除，回收利用。挤压油膏时，腻子刀应朝一个方向进行，用力均匀，严禁来回施工。

机械挤压嵌缝的施工步骤如下：严格按设计的接缝宽度选择合适的挤出嘴，安装好挤出嘴，调好设备、准备嵌缝，嵌缝时，挤出嘴紧贴接缝底部，并且保持一定的倾斜度，见图 6-8。使油膏自内向外逐步挤出，直至充满整个接缝为止。施工时，密封膏应高出界面

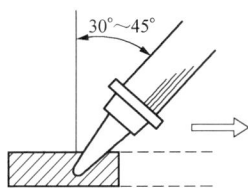

图 6-8　挤出枪嵌填

0.5～1.0cm，如施工完毕后遇上雨雪天气，则应撒上一层保温材料对密封部位进行保护。嵌填接缝的交叉部位时，先填充一个方向的接缝，然后把枪嘴插进交叉部位已填充的密封材料内，填好另一方向的接缝，见图 6-9。填充接缝端部时，当填到离顶端

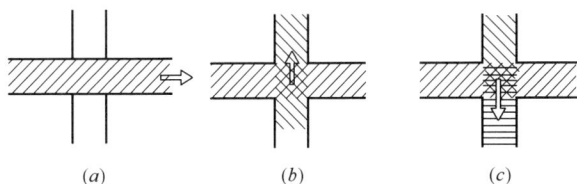

(a)　　　　　　　(b)　　　　　　　(c)

图 6-9　交叉接缝的嵌填

(a) 先填一个方向接缝；(b)、(c) 将枪嘴插入

密封材料内填另一个方向接缝

约 200mm 处停下，再从顶端向已填好的方向填充，以确保接缝端部密封材料与基层黏结牢固。如接缝尺寸过大，宽度超过30mm，或接缝底部是圆弧形时，宜采用二次填充法嵌填，即待第一次填充的密封材料固化后，再进行第二次填充，见图 6-10。

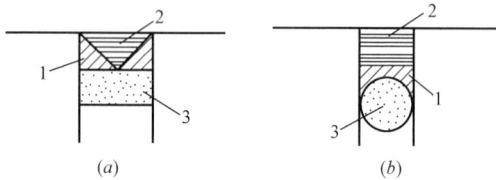

图 6-10　二次嵌填密封材料

1—第一次嵌填；2—第二次嵌填；3—背衬材料

（a）较宽接缝；（b）底部为弧形接缝

5）密封材料抹平压光

嵌填完的密封材料表干前，应用刮刀压平与修整，压平应稍用力朝与嵌填时枪嘴移动相反的方向进行，不要来回揉压。压平一结束，即用刮刀朝压平的反方向缓慢刮压一遍，使密封材料表面平滑。

6）揭出遮挡胶条

压平整修完毕后，应立即揭除遮挡胶条。如果在接缝周围沾有密封材料或留有遮挡胶条胶粘剂的痕迹，应选用相应的溶剂擦净。在清洗过程中应防止溶剂损坏接缝中的密封材料。

7）固化养护

接缝密封材料防水处理通常为隐蔽工程，下一道工序施工前，一般应养护 2d 左右，为了防止已嵌填施工完成的密封材料污染和碰损，必须对接缝部位的密封材料采取临时性或永久性的保护措施，固化前禁止踩踏嵌填的密封材料。

8）保护层施工

为了延长密封防水材料使用年限，接缝直接外露的密封材料上宜做保护层。保护层的施工应严格按照设计进行；如设计无具体要求时，一般可采用所用的密封材料稀释后作为涂料，加铺一层胎体增强材料，做成宽度为200～300mm的一布二涂涂膜保护层。

2. 建筑外墙墙体接缝密封防水施工

建筑外墙的形式一般有砌体结构、装配式大板结构、外板内浇结构、全现浇结构、金属墙板等。若外墙构件自身具有防水构造，可进行构造防水处理；若自身无防水构造的，则可采用接缝密封材料处理构件间缝隙，进行材料防水；若结构对防水要求较高时，也可在构造防水基础上对构件外表面涂刷防水涂料进行复合防水处理。本节仅介绍材料防水。

（1）施工准备

1）材料准备

按设计要求和施工工程量选配密封材料及辅助材料。常用的有聚氨酯密封膏（双组分）、丙烯酸密封膏（单组分）、EVA密封膏（单组分）及背衬材料、打底料等。

2）机具准备

常用的主要机具见表6-1。

（2）建筑外墙墙体接缝密封防水施工

建筑外墙墙体接缝密封防水施工同屋面接缝密封防水施工相似，可参考前面内容。以下仅列出施工要点。

1）外墙板安装时，板缝应≤20mm。缝宽过大，会使密封材料下垂，材料用量大；过小则不易嵌填。

2）背衬材料可采用弹性好的聚乙烯、聚苯乙烯泡沫塑料板，或采用聚乙烯圆管，用工具塞实。所形成的板缝深度为15mm。

3）粘贴遮挡胶条后再进行基层处理、填塞密封材料和表面修整工序。

4）密封材料嵌填后就进行7～14d自然养护，再进行淋水试验及检查验收。

（三）密封材料施工常见质量缺陷及预防

密封材料施工后常见有接缝周边结构开裂、密封材料自身开裂、粘结界面脱落等，由于开裂和脱落而造成渗漏。产生的主要原因是未掌握密封材料的使用条件，选用的密封材料档次过低，不能承受接缝位移量，施工不认真、操作不熟练等问题。详见表6-2。

密封材料施工常见质量原因及防治措施 表6-2

项目	原因分析	防治方法
接缝周边结构开裂	在接缝密封前，周边结构混凝土早已产生裂缝	先将接缝周边裂缝的混凝土疏松、脱落部分进行剔除，经过清理干净后，再用聚合物砂浆修复。待一定龄期养护后，再按规定重新进行密封施工
	在接缝密封后，因其周边结构强度不足，在位移拉伸时引起混凝土开裂	应将结构裂缝部位凿成凹槽，用不定型密封材料予以密封
密封材料自身开裂	接缝宽度和形状不能满足实际位移量要求；或接缝宽深比例过小，位移使应力集中	应根据结构物收缩、温度、湿度、风荷载、基础沉降和地震等因素，正确设计接缝的宽度和深度，并选择合适的密封材料
	由于三面黏结，密封材料因底部约束而无法自由拉伸时造成开裂	在密封施工时，应先在接缝的底部位置设置背衬材料，防止密封材料与底部黏结，使密封材料能够自由拉伸
密封材料自身开裂	密封材料本身弹性较差或弹性恢复率低，在反复拉伸时达到永久变形，产生缩颈破坏	宜选择高一档次的密封材料。同时，对于进场的密封材料应按规定进行材性检测，发现不合格者，坚决剔除不用
	密封施工时环境温度过高（如50℃），使用时接缝处于疲劳拉伸状态，当低温收缩时，因密封材料弹性不足而出现开裂	施工环境温度宜接近近年平均温度，此时密封材料的拉伸—压缩变形量越接近实际。冬季施工时处于低温，接缝宽度扩张；夏天施工时处于高温，密封材料将承受过量的拉伸变形。一般施工温度宜控制在5～30℃。夏天施工宜做成凸圆缝，冬季施工宜为凹圆缝

项目	原因分析	防治方法
黏结界面脱落	接缝处表面疏松或表面处理不妥	1. 接缝处如表面疏松应及时进行剔除，并用聚合物砂浆修补、平整； 2. 接缝界面表面应清洁、干燥，在密封施工前，应先涂刷基层处理剂
	密封材料内夹有杂质、气泡或被外力刺伤，形成裂缝	1. 应选择质量合格的密封材料； 2. 接缝内密封材料如已断裂、贯通且脱落时，应剔除，重新按要求进行密封施工
	密封材料下垂度过大，或施工时材料堆积过高，没有压平修整	1. 应选择质量合格的密封材料； 2. 密封材料嵌填后要用刮刀进行压平和修整，并及时做好保护层施工

（四）密封材料施工安全技术

1. 施工要点

（1）接缝槽内必须牢固、密实、平整，不得有蜂窝、麻面、起砂、起皮现象。缝槽宽度和深度尺寸符合设计要求，不符合要求时用砂浆进行修补。

（2）将背衬材料加工成与接缝宽度和深度相符合的形状，将其压入到接缝里。背衬材料要密实，表面平整，不留空隙，保证上部密封材料的嵌填形状。

（3）在缝边铺设遮挡胶条，防止密封材料嵌填时随意流淌、外观不整齐等现象。遮挡胶条要选用黏结性适中并有一定强度的材料，待密封材料嵌入固化后再揭去遮挡胶条。

（4）在密封材料嵌入前，用配套的基层处理剂涂刷基层，保证密封材料粘接牢靠，施工时，选用大小适宜的刷子把基层处理剂刷到接缝上，均匀，不漏涂，无气泡，斑点。

（5）密封材料的嵌填方法常用的有热灌法和冷嵌法两种。

2. 安全技术

（1）密封材料及辅助材料按要求分类贮存在通风、阴凉的室内。

（2）密封材料及辅助材料在运输、贮存时应防止碰撞、挤压，保持包装完好无损。

（3）密封材料等在运输、贮存时应避开火源、热源，避免日晒雨淋。

（4）仓库内应设有消防器材，不允许在仓库内配备密封材料。

（5）凡检验不合格的材料一律从仓库内清理出来。

（6）做好安全防护工作，施工前进行安全专项学习和交底。

七、堵漏灌浆施工

（一）堵漏灌浆施工常用机具

常用的堵漏灌浆施工机具名称及用途见表 7-1。

常用的堵漏灌浆施工机具　　　　表 7-1

名称	用途
灌浆机	灌浆
灌浆嘴	排水、排气
高压清洗机	洗缝
电锤、冲击钻头	钻孔

1. 灌浆机的选用

（1）微型电动高压注浆机（如图 7-1）：适用于小型工程或

图 7-1　微型电动高压注浆机

操作不方便的场合。该机使用220V单相电，整机重量只有5kg，灌浆压力可达 20～40MPa。缺点是不能长时间连续工作，机器较娇贵，不经摔，碰撞不得。灌浆时需开关阀门不太方便，且灌浆压力不易控制。

（2）便携式手动灌浆机（如图 7-2）：该机不用电源，整机重量 2kg，适合于无电源场合，因其灌浆压力只有 0.3～0.5MPa，因此仅可用于漏水场合，对于高压慢渗无能为力。该机构造简单，使用方便，无须专业维修，价格低廉。

图 7-2 便携式手动灌浆机

2. 灌浆嘴的选用

工业化生产的灌浆嘴目前共有四种类型：铜嘴、铝嘴、钢嘴、塑料嘴。分为前止水型，即灌浆嘴进料口的逆止阀门设在进口处；后止水型，即进料口的逆止阀门设在出口处，可视具体情况进行选择。前止水型埋设好嘴后，可将前端拧下来进行泄压排水，待灌浆时再拧上去；后止水型埋好嘴，就不能排水泄压了，但施工完毕即可拆除灌浆嘴进行下道工序的施工。常用灌浆嘴的橡胶密封部分直径为 10～14mm 不等，需配相同直径的钻头。对密实型结构选用长度为 7～8cm 的灌浆嘴即可；对松散型结构，可选用长度为 10～15cm 的灌浆嘴。

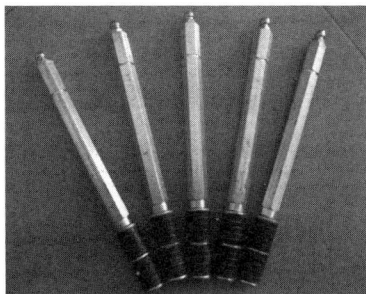

图 7-3　钢嘴

3. 高压清洗机以及电锤、冲击钻头的选用

高压清洗机：用于洗缝，工作压强 6～8MPa，喷枪上要先抹上牛油方可使用。

电锤钻头：用于钻孔，常选用直径 10～14mm，长度 35～40cm 的冲击钻头。

图 7-4　高压清洗机

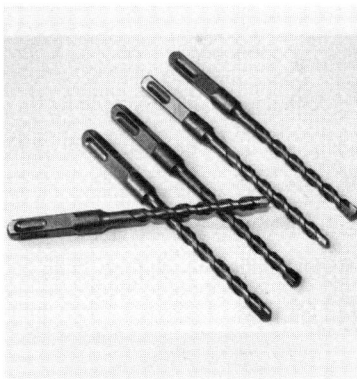

图 7-5　电锤、冲击钻头

4. 常用的辅助材料

丙酮：用于清洗灌浆机等，也可作为灌浆料的稀释剂。

水泥基防水材料（防水型、堵漏型）：用于封缝、封口。

防水电缆：3×2.5，带电源插座的线盘。

（二）灌浆堵漏法施工

灌浆堵漏法施工是将配制成的浆液，用压浆设备将浆液灌压入渗漏水的缝隙或孔洞中，使其扩散、胶凝、反应、固化、膨胀，从而达到止水的目的。根据不同的灌浆液，有不同的灌浆堵漏法，本文主要介绍两种工程常用的灌浆堵漏法：丙烯酰胺类灌浆堵漏法和环氧树脂类灌浆堵漏法。

1. 丙烯酰胺类灌浆堵漏法

丙烯酰胺类灌浆堵漏法是以丙凝灌浆料作为化工防水堵漏材料的灌浆堵漏施工方法。

丙凝灌浆料是丙烯酰胺浆液的简称，又名 M（广卡 46 浆胶），是以丙烯酰胺为主剂，添加交联剂、还原剂、氧化剂按一定配比调制而成。分甲、乙两液，施工时等量混合，注入补漏的部位，经引发、聚合、交联反应后，形成富有弹性但不溶于水的高分子硬性凝胶。具有黏度低（基本与水相同）、渗透性好（能注入 0.1mm 以下的细裂缝中）、可在水压和水流的环境下凝聚的特点，且抗渗性好。丙凝浆料的抗渗系数为 2×10^{-10} cm/s，几乎是不透水的，凝胶形成后，在水中还稍有膨胀（膨胀率为 5％～8％）。干缩后遇水还可膨胀，能长期确保良好的堵水性能。丙凝胶不溶于水和有机溶剂，能耐酸、碱、细菌的侵蚀，具有较好的弹性和可变性。

（1）适用范围

丙凝灌浆料适用于地下建筑、地下构筑物等工程的堵渗和防水的灌浆。

（2）性能指标

主要技术指标见表 7-2。

丙凝灌浆料的性能与特征　　表 7-2

浆液名称	材料名称	作用	密度（g/cm³）	性质	备注
甲液材料	丙烯酰胺	主剂	0.6	易吸潮、易聚合与30℃以下	干燥阴凉地方可长期储存
	二甲基双丙烯酰胺	交联剂	0.6	与单体交联	
	β—二甲氨基丙腈	还原剂	0.87	稍有腐蚀	
	水				
乙液材料	过硫酸铵	氧化剂	1.98	易吸潮、易分解	干燥阴凉地方储存
	水				

注：丙凝灌浆料的抗压强度为 0.01～0.06MPa；抗拉强度为 0.02～0.04MPa；抗压极限变形为 30%～50%；抗拉极限变形为 20%～40%。

（3）配合比

配合比：见表 7-3。

丙凝灌浆料施工配合比　　表 7-3

序号	甲液				乙液		凝结时间（min）
	丙烯酰胺	二甲基双丙烯酰胺	β—二甲氨基丙腈	水	过硫酸铵	水	
1	47	2.5	2.0	2	220	2	3
2	47	2.5	2.0	2	220	1.5	5

注：（1）配制时的环境温度宜为 23℃ 左右。丙凝的凝固温度是 45℃。

（2）甲液与乙液混合比例为 1:1。

（3）配合比的选择与施工温度、凝固时间等因素有关。施工前应先进行试配，选择合适的配合比。

（4）配制方法

1）甲液是将称量好的丙烯酰胺、二甲基双丙烯酰胺、β—二甲氨基丙腈加水搅拌均匀而成。

2）乙液是将称量好的过硫酸铵D水搅拌均匀而制成的。

（5）施工要素

正确确定和控制丙凝浆液的凝胶时间，是保证注浆质量、节约浆液的关键。

凝胶时间的确定取决于漏水量的大小、试水的扩散范围、压水时间及注浆的大小等，还要考虑地下水水温、环境温度及水质化学成分等因素。

1）对路面、地面集中漏水或涌水的注浆堵漏。必须配制凝胶时间控制在 3～5s 之间。并须提高浆液的浓度在 15％为宜。

2）对变形缝漏水的注浆堵漏。配制凝胶时间控制在试水时间的 2/3～3/5，通常在 10～20s 之间。

3）对漏水裂缝注浆堵漏时，为使浆液灌满缝隙，浆液的凝胶时间应比试水时间略长 1/4～1/2，大致取 20～30s。

4）根据施工需要缩短凝胶时间的措施：

①加氨水，使水的 pH 值大于 3。

②用三乙醇胺代替 β－二甲氨基丙腈，三乙醇胺的用量不大于 2.5％。

③提高水温至 40℃左右。

④适当加大过硫酸铵用量，但不大于 1％。

5）需要延长丙凝浆液凝结时间的措施：

①可掺 0.05％以内的铁氰化钾。

②降低拌和水的温度。

③减少 P-二甲胺基丙酯用量，但不应少于 0.6％。

④减少过硫酸铵用量，但不应小于 0.5％。

2. 环氧树脂类灌浆堵漏法

环氧树脂类灌浆堵漏法是以环氧糠醛浆料作为化工防水堵漏材料的灌浆堵漏施工方法。

环氧糠醛浆料是常用的一种防渗、补强灌浆材料，以环氧树脂为主剂，掺入稀释剂、固化剂、促凝剂、填充料配合而成。强度高、冻结力强、收缩率小、化学稳定性好，可在常温下固化。

（1）适用范围

环氧糠醛浆料具有有效处理 0.05mm 宽的细裂缝的能力，可在有水的条件下固化，固结体的韧性较好。

（2）性能指标

主要技术性能：参见表 7-4。

环氧糠醛浆料技术性能　　　表 7-4

序号	技术性能		指标
1	外观		棕黄色透明液体
2	相对密度		1.06
3	黏度（Pa. s）		$(10\sim20)\times10^{-3}$
4	固化时间（h）		20～48
5	抗拉强度（MPa）		50～80
6	抗压强度（MPa）		8～16
7	与混凝土的黏结强度	干粘（MPa）	1.9～2.8
		湿粘（MPa）	1.0～2.0

（3）配合比

①环氧糠醛浆料可在施工现场配制，环氧糠醛主液的配合比见表 7-5。

环氧糠醛主液三种参考配合比　　　表 7-5

浆液编号	环氧树脂（E-44）	糠醛（工业用）	苯酚（工业用）
1	100	30	5
2	100	50	10
3	100	30	15

②根据使用条件可采用不同配合比，配合比不同，其固结强度差异很大，且随着糠醛、丙酮等稀释剂增加，浆液强度相应降低，可灌性更好。具体配合比见表 7-6。

环氧糠醛浆液配合比 表 7-6

浆液编号	适用范围	配合比				黏度/Pa·s
		环氧糠醛主剂/ml	丙酮稀释剂/ml	过苯三酚/g	半酮亚胺/ml	
1	黏度大，亲水性差，适用于 0.5mm 以上裂缝灌注	1000	68～58	0～30	288～308	0.2082
2	稀释度中等，用于 0.2mm 以上的干、湿裂缝堵漏补强	1000	192～178	0～30	266～294	$18×10^{-3}$
3	较细的渗水裂缝	1000	260	0～30	316	

3. 施工工艺

（1）工艺流程

混凝土表面处理 → 布注浆管 → 封闭 → 试水试验 → 灌浆 → 封孔

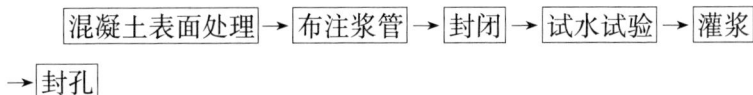

1）混凝土表面裂缝处理

为了使浆液压进混凝土裂缝内部，灌浆前需预先将裂缝封住，因此得要对混凝土裂缝表面进行处理，其具体做法，沿裂缝用人工或风镐凿成上底宽约 10cm，下底宽约 5cm，深约 10cm 的梯形槽，如图 7-6 所示。然后将裂缝两侧表面处理干净，以便观测裂缝大小、分布情况及水源漏水量、水质等。

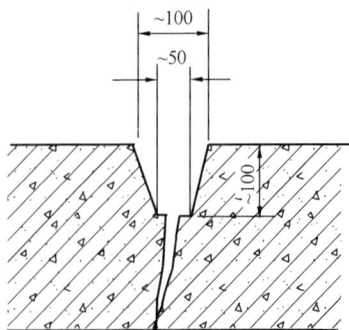

图 7-6 裂缝表面处理示意图

2）布注浆管

注浆管由短管、阀门和
鱼尾嘴组成。短管一般选取
直径为 1/2～1/4 英寸，长度
为 10～15cm 的钢管。其一
端插入薄铁皮内，另一端与
阀门、鱼尾嘴连接，见示意
图 7-7。

注浆管要布置在水源处，
即漏水点。同时在下列位置
要布注浆管：水平裂缝的端
点；纵横交错的裂缝，在交

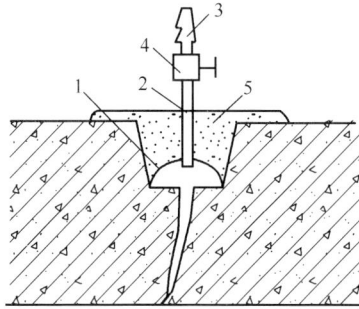

图 7-7　裂缝封闭处示意图
1—铁皮或油毡；2—注浆管；3—鱼
尾嘴；4—阀门；5—水泥砂浆

叉处及端点处；纵向环形缝的最低处和最高处，其两侧要做到错
位布管。注浆管之间的距离应根据裂缝的大小、结构现状而定，
一般为 1～1.5m 左右。

3）封闭

封闭前，如果缝内漏水量较大，必须先引水，即用风镐打一
深孔至水源处，埋一长管，用泵抽水，使缝内水位降低，然后在
进行封闭。

封闭时为了防止水泥砂浆堵塞通道，需沿裂缝铺设通长油毡
或薄铁皮等，在将准备好的注浆管插入薄铁皮中，然后用快干的
水泥或水泥水玻璃浆封闭，最后用水泥砂浆找平（图 7-7）。封
闭时要注意新老水泥的结合，如果结合不好，导致浆液遇水反
应、发气、膨胀，内部压力增高，使大量浆液外溢，以至于不能
渗入预定地层，同时浪费了浆液，因此必须耐心细致的做好
封闭。

4）试水

封闭后，带水泥砂浆有足够强度时，用带颜色的水进行压水
试验。

压水试验时灌浆成功的关键之一。因此，压水试验时要仔细

观察并做好记录。压水试验的目的：

①检查缝内是否通畅，有无漏水现象。如果有漏水部分要进行第二次封闭处理，以免灌浆时跑浆。

②测定漏水水压以确定灌浆压力。

③记录规定压力下的耗水量已经从开始压水至最后一个出浆管出水时间，作为确定凝胶时间及估算浆液用量的依据。

④对于干燥的缝，压水试验可以使裂缝润湿，以利于灌浆料与水反应而凝固。

⑤从各个出浆管道的出水情况确定是否需要分段灌浆。

压水试验一般采用灌浆时的设备。压水试验操作如下：

①压水试验前，首先测定地下水压和漏水量。地下水压可采用水压表或结合压水试验进行测定，如测定时间内浆液罐中液面升高量，即为漏水量。然后逐渐升高压缩空气的压力，当罐中液面不升也不降时的压力就是地下水的水压。选择高于地下水压 $0.5 \sim 1 \mathrm{kg/cm^2}$ 的压力作为灌浆压力。

②接着选择灌浆时的进浆管，对于水平缝一般选用端点处的注浆管；对于纵横交错的裂缝，选用交叉点上的注浆管；对于垂直裂缝或纵向环形缝，选取最低处的注浆管。

③压水管选定后，将压水管以外的注浆管阀门全部打开作为出水管。

④用高压胶管讲灌浆罐底部阀门和压水管相连。

⑤关闭灌浆罐底部阀门，并装入颜色水。

⑥准备妥当后，开始进气，并用灌浆罐上部的放空阀调节气体压力至规定值，然后先打开灌浆罐底部阀门，在打开压水管阀门，压入颜色水。各出水管依次溢出颜色水，出一个关一个，直到最后一个阀门（最高点或最远点的阀门）被关闭后，在恒压 $2 \sim 5 \mathrm{min}$，并记录最后一个阀门溢出颜色水的时间及压进的水量。

重复压水试验 2~3 次。

最后用高于灌浆压力 1.5 倍的压力压水，检查封闭质量。经检查无渗漏现象后，即可准备灌浆。

5）灌浆

灌浆工序包括配浆和压浆两步。

①配浆

根据配方和估算的浆液用量进行配浆。为防止配制好的浆液，因放置时间过长影响浆液的稳定性，可在灌浆准备工作就绪后再配。

②灌浆

灌浆前检查灌浆设备及管路、阀门等是否干燥，以防止浆液遇水凝胶而堵塞，特别是试水后的灌浆设备要除水。

关闭进浆管阀门，并同时打开进浆管以外的全部阀门，以防止进浆管与灌浆缝连接时，地下水进入灌浆罐中，同时有利于灌浆时缝内气体和水分的排除。

关闭灌浆罐底部阀门，并用高压胶管使其与进浆管阀门连接，仔细检查连接处是否稳妥可靠，以防意外。

将配好的浆液倒入干燥的灌浆罐中，准备灌浆。

开始进气，缓慢升高气压，当高于地下水压时打开灌浆管底部阀门及进浆管阀门，浆液及进入封闭层，然后在升高压力至灌浆压力，继续压浆。待处浆管不流水而流出纯浆液后，关闭该处阀门，直到最后一个出浆管关闭后，继续压浆，并通过灌浆罐液面计观察进浆情况，当液面保存不动时，即表示缝内不再吸浆，即灌浆结束。立即关闭进浆管阀门。

打开放空阀，使体系恢复常压。

6）封孔

待浆液凝固后，拆除注浆管，并用水泥砂浆封闭孔口。

灌浆后，设备及管路要及时清洗，一般长用价格低廉的有机溶剂，少量多次清洗，以备再用。

（2）效果检查

1）盖帽检查法：在埋好注浆管 12～24h 后，用胶管套盖在注浆管头上，再用铁丝捆扎，然后观察周边是否还有水渗漏，即可判定埋管和封缝质量。

2）表观检查法：在灌完浆 24h 后，用肉眼或手触摸补灌混凝土结构的干爽情况，即可定性检查灌浆质量。

（3）不同的渗漏情况下的治理工艺

1）施工缝及不规则裂缝渗漏治理工艺：宜采用刚柔并重，外贴防水层工艺。施工方法基本与变形缝堵漏施工方法相同，只是注浆通道不宜采用半圆铁皮而采用聚苯乙烯高泡管或用埋管抽管法形成半圆空腔后注浆止水，再施工密封材料和防水涂膜，最后覆盖刚性（或刚柔）防水层或水泥砂浆保护层。

2）变形缝（伸缩缝、沉降缝、抗震缝的总称）的渗漏治理工艺：由于变形缝随气温、砂浆或混凝土的干缩、承载荷载的大小、外界的震动、地基沉降、酸碱盐等腐蚀剂的影响等使缝隙经常产生位移，因此应以柔性材料为主，刚柔结合，多道设防，综合治理，使防水构造满足结构变形及位移的要求。水压较大裂缝，可在剔出的沟槽底部沿裂缝放置线绳（或细管用水泥胶浆等速凝材料填塞并挤压密实）。抽出线（或细管），使漏水顺线绳或细管流出后进行堵漏。裂缝较长时，可分段堵塞，段间留 20mm左右空隙，每段用胶浆等速凝材料压紧，空隙用包有胶浆钉子塞住，待胶浆快要凝固时，将钉子转动拔出，钉孔采用孔洞漏水直接堵塞法填住。堵漏完毕，烤干界面，嵌填弹性密封材料，然后做刚性（或刚柔性）防水层，接着养护好或做保护层等。

水压较大的裂缝急流漏水，可在剔出的沟槽底部每隔 500～1000mm 扣一个带有圆孔的半圆铁片，把胶管插入圆孔内，按裂缝渗漏水直接堵塞法分段堵塞。漏水顺胶管流出后，应用刚性防水或刚柔性防水层做法分层抹压，拔管堵眼，待界面干燥或喷干界面，嵌填弹性密封材料，最后做水泥砂浆保护层。局部较深的裂缝且水压较大的急流漏水，可采用注浆堵漏，有条件时亦可采用排堵结合。

3）预埋件及穿墙管件的渗漏治理工艺：采用刚柔并重的原则，外嵌填密封材料、抹刚柔防水涂料和保护层。迎水面施工，首先应设法隔离水源，在漏水处凿 V 形或 U 形槽，用喷灯烘干缝槽及周围混凝土，涂刷界面剂，嵌填速凝材料，干燥后嵌填密封材料，再在外抹刚柔防水涂料，然后养护或加做保护层。背水面施工时预埋件周边应将其剔成环形沟槽，清除预埋件锈蚀的污渍，清洗干净并用水冲刷沟槽后，填塞速凝材料，待干燥后再嵌填密封材料，最外面再用刚性、柔性或刚柔性（聚合物砂浆）涂料抹压刮涂；若该埋件周围混凝土有孔洞且较大，则需灌注浆液后再嵌填密封材料，最外面再做防水层和保护层。

4）混凝土表面蜂窝、麻面等大面积渗漏水治理工艺：应遵循面漏变线漏，再由线漏变点漏，最后按点漏的治理工艺进行堵漏防水。

（三）堵漏灌浆施工常见质量缺陷及预防

在堵漏灌浆施工中，常常会出现，串浆、冒浆、漏浆、特大吃浆量、塌孔以及可灌性差等情况，以下对这些常见的质量缺陷进行分析以及防治。

1. 串浆

出现浆液从其他孔中流出的情况，一般是由于两孔间的连通性好，可采用加大孔间的间距，适当延长相邻孔施工时间的间隔，用止浆塞塞于被串孔串浆部位上方 2～3m 处，相邻串浆孔同时注浆这几种方法进行处理。

2. 冒浆

岩层破碎、裂隙增大；止浆不好或在用套管嵌入止浆时，套管嵌入不好；注浆压力过大都可能是引起冒浆的原因。调整注浆压力，限制进浆量，间歇注浆以及重新嵌套管（或加止浆塞）可对该质量问题加以防治，必要时在止浆处下套管，用水泥砂浆封住，重新扫孔注浆。

3. 特大吃浆量

如出现某孔注浆量异常大于正常情况，极可能因为岩石破碎，裂隙发育；岩溶地区注浆；注浆压力过大；浆液过稀；泵量过大使浆液流失到非注浆部位。巡视周边区域确认后，可采用：

（1）低压或自流注浆；

（2）改用较浓浆液；

（3）加速凝剂；

（4）加粗骨料；

（5）间歇注浆；

（6）控制注浆施工程序，在注浆范围的边缘和底部用水泥－水玻璃浆液，调整配合比，使其在十几分钟内凝固以封闭外围及地层；

（7）用泵量较小的泵。

4. 漏浆

造孔过程中，如遇少量漏浆，采用加大泥浆比重，投堵漏剂等处理，如遇大量漏浆，单孔采用投黏土钻进处理，槽孔采用投锯末、膨胀粉、水泥等堵漏材料或孔底灌注纯水泥浆处理，确保孔壁、槽壁安全。根据工程施工经验，尤其是槽孔的副孔劈打时，更应注意观察槽孔浆面的变化。

5. 塌孔

施工中遇塌孔，采用当地渣土料回填槽孔至塌孔位置以上1.5m；再用冲击钻机夯实，挤密孔壁。若塌孔较严重，可采用直升导管法回填灌筑低标号混凝土填平，重新造孔。

6. 可灌性差

选择浆液及浆液配合比不当以及选择注浆压力不当，浆液扩散半径小都会使浆液可灌性差。由于地质分布不均，致使设计人员在确定注浆浆液类型及注浆参数时，不能满足现场实际要求，可在正式注浆前增大试注浆孔数，使之能正确反映整个施工区域的情况，并调整注浆压力、配比等相关参数。如在正式注浆工程中发现局部区域存在可灌性差的现象，可采用局部增加注浆孔进行补救。

（四）堵漏灌浆施工安全技术

1. 施工要点

（1）所选用的输浆管必须要有足够的强度；浆液在管内要流动通畅；管件装配及拆卸方便。

（2）灌浆设备机具的工作能力必须达到所需的灌浆压力和流量；灌浆施工力求一次灌好，对于吃浆量大的部位，要采用连续灌浆设备。

（3）灌浆过程中，要始终注意观察灌浆压力和输浆量的变化。泵压骤增，灌浆量减少，多为管道堵塞或被灌物体缝隙被堵；当泵压升不上去，进浆量较大时要考虑被灌结构的厚度，分析其走向，调整浆液的稠度和凝固时间，或掺入惰性材料。

（4）灌浆过程出现跑浆等现象多属于封闭不严所致，应停止灌浆，重做封闭工作。

（5）灌浆过程中往往由于局部通道被暂时堵塞而引起高压，随后在高压浆的作用下堵塞物被冲开，压力又下降，这是灌浆的整成现象。

2. 安全技术

（1）装卸、搬运、熬制、配制灌浆堵漏材料时，必须穿戴规定的防护用品，皮肤不得外露。

（2）灌浆施工前应严格检查工具、管路及接头处的牢靠程度，以防压力爆破伤人。

（3）有机化工材料均具有一定的刺激性和腐蚀性，操作人员在配制浆液和灌浆时应戴眼镜、口罩、手套等劳保用品，以防浆液误人口、眼中或溅至皮肤上。

（4）在氰凝配制及灌浆施工中应采取以下安全措施：

1）配制浆液和灌浆时，操作人员应戴防护眼镜、口罩和橡胶手套等，以防浆液碰到皮肤上或溅到眼睛上。如碰到皮肤上，可先用丙酮或酒精清洗，再用稀氨水或肥皂水洗净，涂上油脂膏，溅到眼睛里应立即请医生处理。

2）在通风不良的地方进行灌浆施工时，应有通风和排气设备，以保证安全。

3）氰凝是由有机材料制成，具有易燃性，施工现场应严禁火种、严禁吸烟，以防火灾发生。

（5）丙凝粉剂及浆液具有一定毒性，如经常与之接触会影响中枢神经系统。丙凝浆液聚合成凝胶后无毒性，除非凝胶中尚有少量未起聚合反应的材料。因此，要求接触粉剂的人员戴口罩及橡胶手套，配制浆液和灌浆时应穿工作服和胶靴，避免皮肤接触。如已沾上粉末或浆液，应立即用肥皂水洗涤。

（6）过硫酸铵能使衣服褪色和破坏纤维，刺激皮肤，腐蚀钢铁，应引起注意和采取相应防护措施。

八、防水工程质量验收

（一）防水工程质量验收概述

1. 验收组织

按现行国家标准《建筑工程质量验收统一标准》GB 50300－2001 规定进行施工质量验收。

（1）检验批和分项工程质量验收

防水层工程检验批和分项工程由监理工程师（建设单位项目技术负责人）组织施工单位项目专业技术（质量）负责人等组织验收。

（2）外墙、厕浴间检验批和分项工程验收参照执行。

（3）屋面防水工程分部和地下防水子分部工程，由总监理工程师（建设单位项目负责人）组织施工单位项目负责人和技术、质量负责人等进行验收。

2. 检验批验收

（1）检验批虽然是工程验收的最小单元，但它是分项工程乃至整个建筑工程质量验收的基础。检验批是施工过程中条件相同并量基本均匀一致，因此可以作为检验的基础单位组合在一起，按批验收。

（2）检验批验收时应进行资料检查和实物检验。

1）资料检查主要是检查从原材料进场到检验批验收的各施工工序的操作依据、质量检查情况以及控制质量的各项管理制度等。由于资料是工程质量的记录，所以对资料完整性的检查，实际是对过程控制的检查确认，是检验批合格的前提。

2）实物检验，应检验主控项目和一般项目。对具体的检验批来说，应按照屋面工程质量验收规范或地下防水工程验收规范有关条款，对各检验批主控项目、一般项目规定的指标逐项检查验收。

（3）主控项目是对检验批的基本质量起决定性影响的检验项目，一般项目是除主控项目以外的其他检验项目。

检验批合格质量应符合下列规定：

1）主控项目和一般项目的质量经抽样检验合格。

2）具有完整的施工操作依据、质量检查记录。

3. 分项工程验收

分项工程的验收是在其所含检验批验收的基础上进行的，分项工程质量验收合格应符合下列条件：

（1）分项工程所含检验批的质量均应符合合格质量的规定。

（2）分项工程所含检验批的质量验收记录应完整。

4. 分部（子分部）工程验收

分部（子分部）工程的验收是在其所含各分项工程验收的基础上进行的，分部（子分部）工程质量验收合格应符合下列条件：

（1）分部（子分部）工程所含分项工程的质量均验收合格。

（2）质量控制资料完整。

（3）观感质量验收应符合要求。

5. 单位工程验收

（1）单位工程质量验收是单位工程质量的竣工验收，在单位（子单位）工程验收时，对涉及安全和使用功能能的分部工程应进行资料的复查，不仅要检查其完整性（无漏检缺项），而且对分部工程验收时补充进行的见证抽样检验报告也要复核。此外对主要使用功能还须进行抽查，抽查项目是在检查资料文件的基础上由参加验收的各方人员共同进行观感质量检查，检查的方法、内容、结论与分部（子分部）工程质量验收相同。这是建筑工程质量验收按照"验评分离、强化验收、完善手段、过程控制"16字方针中"强化验收"的具体体现，这种强化验收的手段体现了对安全和主要使用功能的重视。

（2）单位工程质量验收合格应符合下列规定：

1）单位（子单位）工程所含分部（子分部）工程的质量均应验收合格。

2）质量控制资料完整。

3）单位（子单位）工程所含分部工程有关安全和功能的检验资料完整。

4）主要功能项目的抽查结果应符合相关专业质量验收规范的规定。使用功能的抽查是对建筑工程和设备安装最终质量的综合检验，也是用户最为关心的内容。因此，在分项、分部工程验收合格的基础上，竣工验收时应再做一定数量的抽样检查。抽查项目在基础资料文件的基础上由参加验收的各方人员商定，并用计量、计数等抽样方法确定检查部位。竣工验收检查，应按照有关专业工程施工质量验收标准的要求进行。

5）观感质量验收符合要求。竣工验收时，须由参加验收的各方人员共同进行观感质量检查。检查的方法、内容、结论等已在分部工程的相应部分中阐述，最后共同确定是否通过验收。

6. 隐蔽工程验收

（1）隐蔽工程是指在施工过程中上一道工序结束后，即被下道工序所掩盖而无法再进行检查的工程部位，如屋面防水工程中的找平层、地下防水工程中的卷材防水层等。

（2）隐蔽工程完工后，施工单位在自检合格的基础上，向监理单位提出报验申请表，监理单位在接到施工单位的报检申请表后应该在24h内派出监理人员到施工现场，采用必要的检查工具对该隐蔽工程进行检查，并填写隐蔽工程检查记录，将检查结果与设计图纸、施工操作规程和质量验收规范对照，判断其质量是否符合规定要求，如果确认质量符合规定要求，由经监理人员签证后，施工承包单位才能进行下一道工序。假如质量不符合规定要求监理人员也应以书面形式通知到施工单位，令其返工处理，返工处理后再重新进行检查验收。

（二）防水工程划分

屋面工程是一个分部工程，在施工中，必须严格检查验收制度。

1. 屋面工程子分部工程和分项工程划分

屋面工程子分部工程和分项工程的划分，应符合表 8-1 的要求。

屋面工程子分部工程和分项工程的划分　　表 8-1

分部工程	子分部工程	分项工程
屋面工程	卷材防水屋面	防水层，找平层，卷材防水层，细部构造
	涂膜防水屋面	防水层，找平层，涂膜防水层，细部构造
	刚性防水屋面	细石混凝土防水层，密封材料嵌缝，细部构造
	瓦屋面	平瓦屋面，油毡瓦屋面，金属板材屋面，细部构造

2. 地下防水分项工程划分

地下防水工程是一个子分部工程，其分项工程划分应符合表 8-2 要求。

地下防水分项工程划分　　表 8-2

子分部工程	分项工程
地下防水工程	防水工程：防水混凝土，水泥砂浆防水层，卷材防水层，涂料防水层，塑料板防水层，金属板防水层，细部构造
	特殊施工法防水工程：锚喷支护，地下连续墙，复合式衬砌，盾构法隧道
	排水工程：渗排水，盲沟排水，隧道、坑道排水
	注浆工程：预注浆，后注浆，衬砌裂缝注浆

3. 外墙及厕浴间分项工程划分

外墙及厕浴间防水分项工程划分见表 8-3。

外墙及厕浴间防水分项工程划分 表 8-3

分项工程	内容
外墙防水	找平层，涂膜防水层，细部构造，饰面层
厕浴间防水	找平层，涂膜防水层，细部构造，面层

（三）防水工程验收批次

1. 屋面防水分项工程施工质量检验批

根据质量控制和专业验收的需要进行划分，一般按变形缝、施工段等进行划分，如面积较大，可按 1000m² 左右面积作为一个检验批，检查数量和要求应符合下列规定：

（1）屋面找平层验收按屋面面积 100m² 检查 1 处，且不得少于 3 处，细部构造全数检查。

（2）卷材防水屋面工程质量检验按屋面面积每 100m² 检查 1 处，每处 10m²，且不得少于 3 处。

（3）涂膜防水屋面工程质量检验应按屋面面积每 100m² 检查 1 处，每处 10m²；且不得少于 3 处。

（4）刚性防水屋面验收时，按屋面面积 100m² 抽查 1 处，每处 10m²，且不得少于 3 处。

（5）接缝密封防水，每 50m 应抽查 1 处，每处 5m，且不得少于 3 处。

（6）细部构造处根据分项的内容，应全部进行检查。

（7）平瓦屋面按屋面面积每 100m² 检查 1 处，每处 10m²，且不得少于 3 处。

（8）油毡瓦按屋面面积每 100m² 检查 1 处，每处 10m²，且不得小于 3 处。

（9）金属板材屋面按屋面面积每 100m² 检查 1 处，每处

$10m^2$，且不得少于 3 处。

2. 地下防水分项工程施工质量检验批

（1）地下防水工程应按工程设计的防水等级标准进行验收。地下防水工程渗漏水调查与测量方法应按《地下防水工程质量验收规范》GB 50208－2002 附录 C 执行。

（2）地下防水工程各分项工程的施工质量检验批，检查数量和要求应符合下列规定：

1）防水混凝土的施工质量检验，应按混凝土外露面积每 $100m^2$ 抽查 1 处，每处 $10m^2$，且不得少于 3 处。

2）水泥砂浆防水层的施工质量检验，应按施工面积每 $100m^2$ 抽查 1 处，每处 $10m^2$，且不得少于 3 处。

3）卷材防水层的施工质量检验，应按铺贴面积每 $100m^2$ 抽查 1 处，每处 $10m^2$，且不得少于 3 处。

（3）涂料防水层的施工质量检验，应按涂层面积每 $100m^2$ 抽查 1 处，每处 $10m^2$，且不得少于 3 处。

（4）渗排水、盲沟排水的施工质量检验数量应按 10％抽查其中按两轴线间或 10m 为 1 处，且不得少于 3 处。

3. 外墙及厕浴间防水检验批

（1）外墙防水层质量检验应按涂膜面积每 $100m^2$ 检查 1 处，每处 $10m^2$，且不得少于 3 处。

（2）厕浴间防水层检验批应按涂膜面积每 $100m^2$ 检查 1 处，每处 $10m^2$，且不得少于 3 处。

（四）隐蔽验收记录主要内容

1. 屋面防水工程隐蔽验收记录

屋面分部工程隐蔽验收记录包括以下主要内容：

（1）卷材、涂膜防水层的基层。

（2）密封防水处理部位。

（3）天沟、檐沟、泛水和变形缝等细部做法。

（4）卷材、涂膜防水层的搭接宽度和附加层。

（5）刚性保护层与卷材、涂膜防水层之间设置的隔离层。

2. 地下防水工程隐蔽验收记录

地下防水工程隐蔽验收记录包括以下主要内容：

（1）卷材、涂料防水层的基层。

（2）防水混凝土结构和防水层被掩盖的部位。

（3）变形缝、施工缝等防水构造的做法。

（4）管道设备穿过防水层的封固部位。

（5）渗排水层、盲沟和坑槽。

3. 外墙及厕浴间防水工程隐蔽验收记录

（1）外墙涂膜防水层的基层

（2）外墙密封防水处理部位。

（3）外墙变形缝等细部做法。

（4）厕浴间涂膜防水层的基层。

（5）厕浴间密封防水处理部位。

（6）厕浴间管道口、洁具根部四周等细部做法。

理论知识考核试题

（一）判断题

1. ［初级］在屋面保温层与结构层之间应设一道隔气层，以阻止水蒸气进入破坏保温层。（　　）

【答案】正确

【解析】隔汽层应设置在结构层上、保温层下。

2. ［初级］屋面的变形缝处不论采用哪一种防水做法，其泛水高度必须大于150mm。（　　）

【答案】错误

【解析】屋面变形缝的泛水高度不应小于250mm。

3. ［初级］砖的吸湿性强，所以砖墙不需设防潮层。（　　）

【答案】错误

【解析】为隔绝土中水分对墙身的影响，在靠近室内地面处设防潮层，有水平防潮层和垂直防潮层两种。

4. ［初级］屋面找坡可进行结构找坡，也可用保温层找坡。（　　）

【答案】正确

【解析】屋面找坡可进行结构找坡，也可用保温层找坡。

5. ［初级］窗台的坡面必须坡向室外，在窗台下皮抹出滴水槽或鹰嘴，以防止尿墙。（　　）

【答案】正确

【解析】窗台的坡面必须坡向室外，在窗台下皮抹出滴水槽或鹰嘴，以防止尿墙。窗台和窗框之间的缝隙必须要用麻刀和水泥砂浆塞严。

6. ［初级］防水工程是建筑工程的重要组成部分。（　　）

186

【答案】正确

【解析】防水工程是建筑工程的不可或缺的部分。

7. ［初级］一般来说，基础应埋在地下水位以下，冰冻线以上。（　　）

【答案】错误

【解析】在满足地基稳定和变形要求及有关条件的前提下，基础应尽量浅埋。

8. ［初级］在基础墙室外地坪处设置地圈梁，地圈梁可代替墙身防潮层。（　　）

【答案】错误

【解析】地圈梁不可代替墙身防潮层。

9. ［初级］石油沥青较焦油沥青的韧性好，温度敏感性小。（　　）

【答案】正确

【解析】石油沥青较焦油沥青的韧性好，温度敏感性小。

10. ［初级］沥青的温度稳定性差，易热淌、冷脆。（　　）

【答案】正确

【解析】沥青的温度稳定性差，易热淌、冷脆。

11. ［初级］石油沥青卷材储存温度不得超过 40℃，煤油沥青卷材储存温度不超过 45℃。（　　）

【答案】错误

【解析】石油沥青卷材应保管在规定温度下，粉毡和玻璃毡不高于 45℃，片毡不高于 50℃。

12. ［初级］在 15～18℃时，60 号石油沥青用铁锤击时，不会碎裂而只是变形。（　　）

【答案】正确

【解析】60 号石油沥青软化点为 45℃。

13. ［初级］运输或贮存卷材时，必须立放，其高度不得超过二层，不得倾斜或横压放置。（　　）

【答案】正确

【解析】运输或贮存卷材时，必须立放，其高度不得超过二层，不得倾斜或横压放置。

14. 〔初级〕加入填充料后的沥青胶结材料称为沥青玛蹄脂。（ ）

【答案】正确

【解析】加入填充料后的沥青胶结材料称为沥青玛蹄脂。

15. 〔初级〕沥青玛蹄脂的标号以其耐热度的大小来表示。（ ）

【答案】正确

【解析】沥青玛蹄脂的标号通过其耐热度的大小来表示。

16. 〔中级〕快挥发性冷底子油一般涂刷在终凝前的水泥砂浆基层上，慢挥发的冷底子油一般涂刷在已硬化干燥的水泥砂浆基层上。（ ）

【答案】错误

【解析】快挥发性冷底子油一般涂刷在干燥的水泥砂浆基层上，慢挥发性冷底子油一般涂刷在终凝前的水泥砂浆基层上。

17. 〔中级〕敲碎石油沥青，检查断口处，色泽暗淡的质好，黑色而发亮的质差。（ ）

【答案】错误

【解析】色泽暗淡的质差，黑色而发亮的质好。

18. 〔中级〕煤油沥青易溶于煤油或汽油中，呈棕黑色。（ ）

【答案】错误

【解析】煤油沥青难溶于煤油或汽油中，溶液呈黄绿色。

19. 〔中级〕每卷卷材中允许有一处接头，但较小的一段不小于2.5m。（ ）

【答案】正确

【解析】每卷卷材中允许有一处接头，但较小的一段不小于2.5m。

20. 〔中级〕沥青的标号是按针入度来划分的。（ ）

【答案】错误

【解析】参考沥青的基本技术性质方面资料。目前世界上道路沥青的产品分级主要三种，即针入度分级（按 25℃ 的针入度划分沥青标号）、黏度分级（按 60℃ 的黏度划分沥青标号）以及性能分级。

21. 沥青的闪点是指开始出现闪火现象时的温度，沥青闪点为 200℃。（　　）

【答案】错误

【解析】黏稠石油沥青的闪点是 520℃ 左右

22. ［中级］沥青有一定的弹性和塑性。沥青的塑性与温度和沥青膜的厚度有关。温度越高，塑性越差。（　　）

【答案】错误

【解析】温度越高，塑性越大。

23. ［中级］采用两种以上标号沥青熬制玛蹄脂，应先放软化点高的沥青，再放软化点低的沥青。（　　）

【答案】错误

【解析】采用两种以上标号沥青熬制玛蹄脂，应先放软化点低的沥青，再放软化点高的沥青。

24. ［中级］配制冷底子油，如果加快挥发性溶剂，沥青温度应不超过 140℃；如加入慢挥发性溶剂，温度应不超过 110℃。（　　）

【答案】错误

【解析】配制冷底子油，如果加快挥发性溶剂，沥青温度应不超过 110℃；如加入慢挥发性溶剂，温度应不超过 140℃。

25. ［中级］卷材的标号是用纸胎每平方米的重量（克）来表示。（　　）

【答案】正确

【解析】卷材的标号是用纸胎每 10m² 的重量（克）来表示

26. ［中级］石油沥青同煤油沥青其标号相同时可混合使用。（　　）

【答案】错误

【解析】煤油沥青和石油沥青一般不混合使用，因为混合后，有时会发生互不溶合或产生沉渣变质等现象。

27. ［中级］在采用两种以上标号沥青进行熔合时，应先放软化点高的沥青。（　　）

【答案】错误

【解析】在采用两种以上标号沥青进行熔合时，应先放软化点低的沥青。

28. ［中级］将一小块沥青投入汽油中，充分溶解后，溶液是棕黑色的为煤沥青。（　　）

【答案】错误

【解析】溶于汽油，溶液为棕黑色的为石油沥青。

29. ［中级］玻璃纤维胎卷材耐腐蚀性能较纸胎卷材差。（　　）

【答案】错误

【解析】玻璃纤维胎卷材耐腐蚀性能较纸胎卷材好。

30. ［中级］为了增强沥青胶结材料的抗老化性，改善耐热度，可掺入一定量的粉状物，如滑石粉。（　　）

【答案】正确

【解析】掺入一定量的滑石粉可增强沥青胶结材料的抗老化性，改善耐热度。

31. ［高级］SBS 改性沥青防水卷材是以塑性体为改性剂。（　　）

【答案】错误

【解析】SBS 改性沥青防水卷材是以聚酯毡或玻纤毡为胎基，SBS 热塑性弹性体作改性剂的沥青为浸涂层，两面覆以隔离材料制成的具有低温柔性较好的防水卷材。

32. ［高级］APP 改性沥青防水卷材属弹性体沥青防水卷材。（　　）

【答案】错误

【解析】APP 改性沥青防水卷材属塑性体沥青防水卷材。

33. ［高级］三元乙丙橡胶防水卷材的特点是：耐老化性能高、使用寿命长；拉伸强度高、延伸率大；耐高低温性能好。（　　）

【答案】正确

【解析】耐老化性能好、耐酸碱、抗腐蚀，使用寿命可达 35 年。拉伸性能好，延伸率大，能够较好适应基层伸缩或开裂变形的需要。耐高低温性能好，低温可达－40℃，高温可达 160℃，能在恶劣环境长期使用。质量轻，减少屋顶负载。

34. ［高级］卷材防水屋面适用于防水等级为Ⅰ～Ⅳ级的屋面防水。（　　）

【答案】正确

【解析】卷材防水屋面适用于防水等级为Ⅰ～Ⅳ级的屋面防水。

35. ［高级］满粘法适用于屋面结构变形较小或找平层干燥等的情况。（　　）

【答案】错误

【解析】满粘法适用于屋面结构变形较小且找平层干燥等的情况。

36. ［高级］找平层的质量好坏不影响到防水层的质量。（　　）

【答案】错误

【解析】找平层的质量好坏影响到防水层的质量

37. ［高级］混凝土找平层的混凝土强度等级不应低于 C20。（　　）

【答案】正确

【解析】混凝土找平层的混凝土强度等级不应低于 C20。

38. ［高级］冷底子油的品种必须与所铺的卷材相一致，不得错用。（　　）

【答案】正确

【解析】冷底子油的品种必须与所铺的卷材相一致，不得错用。

（二）单选题

1. ［初级］防水卷材的耐老化性指标可用来表示防水卷材的性能（   ）。

A. 拉伸   B. 大气稳定

C. 温度稳定   D. 柔韧

【答案】B

【解析】防水卷材的主要性能包括：（1）防水性：常用不透水性、抗渗透性等指标表示；（2）机械力学性能：常用拉力、拉伸强度和断裂伸长率等表示；（3）温度稳定性：常用耐热度、耐热性、脆性温度等指标表示；（4）大气稳定性：常用耐老化性、老化后性能保持率等指标表示；（5）柔韧性：常用柔度、低温弯折性、柔性等指标表示。

2. ［初级］建筑防水材料按（   ）的不同可分为有机防水材料和无机防水材料。

A. 性质   B. 种类

C. 品种   D. 材质

【答案】D

【解析】建筑防水材料按材质的不同可分为有机防水材料和无机防水材料。

3. ［初级］（   ）在建筑防水材料的应用中处于主导地位，在建筑防水的措施中起着重要作用。

A. 防水涂料   B. 防水卷材

C. 密封材料   D. 刚性材料

【答案】B

【解析】防水卷材在建筑防水材料的应用中处于主导地位，在建筑防水的措施中起着重要作用。

4. ［初级］高聚物改性沥青防水卷材（   ）类卷材有 SBS 防水卷材、再生胶防水卷材、APP 防水卷材、热熔自粘型防水卷材等。

A. 橡塑共混体 　　　　B. 合成橡胶类

C. 塑性体 　　　　　　D. 弹性体

【答案】D

【解析】SBS 防水卷材、再生胶防水卷材、APP 防水卷材、热熔自粘型防水卷材属于高聚物改性沥青防水卷材弹性体。

5.［初级］合成高分子防水卷材（　　　）类品种有三元乙丙橡胶防水卷材、氯磺化聚乙烯防水卷材、氯化聚乙烯防水卷材、氯丁橡胶防水卷材等。

A. 合成橡胶 　　　　　B. 合成树脂

C. 橡塑共混 　　　　　D. 弹性体

【答案】A

【解析】三元乙丙橡胶防水卷材、氯磺化聚乙烯防水卷材、氯化聚乙烯防水卷材、氯丁橡胶防水卷材属于合成高分子防水卷材合成橡胶。

6.［初级］（　　　）是指用于填充、密封建筑物的板缝、分格缝、檐口与屋面的交接处、水落口周围、管道接头或其他裂缝所用的材料。

A. 防水砂浆 　　　　　B. 堵漏材料

C. 密封材料 　　　　　D. 防水涂料

【答案】C

【解析】密封材料是指用于填充、密封建筑物的板缝、分格缝、檐口与屋面的交接处、水落口周围、管道接头或其他裂缝所用的材料。

7.［初级］特别重要或对防水有特殊要求的建筑物，其屋面防水等级划分为（　　　）级。

A. Ⅰ 　　　　　　　　B. Ⅱ

C. Ⅲ 　　　　　　　　D. Ⅳ

【答案】A

【解析】一类建筑是特别重要的建筑物；二类建筑是重要建

筑物；三类建筑是普通的工业与民用建筑；四类建筑多是三五年要拆除的或者对防水要求很低的建筑。

8. [初级] 屋面工程应遵循"薄弱环节重点设防、防排结合"的设防（　　　）。

A. 原则 B. 方法
C. 方针 D. 做法

【答案】A

【解析】屋面工程应遵循"薄弱环节重点设防、防排结合"的设防原则。

9. [初级] 屋面防水等级为（　　　）级的防水层，宜选用合成高分子防水卷材、高聚物改性沥青防水卷材、金属板材、合成高分子防水涂料、细石防水混凝土等材料。

A. Ⅰ B. Ⅱ
C. Ⅲ D. Ⅳ

【答案】A

【解析】特别重要或对防水要求有特殊要求的建筑屋面防水等级为Ⅰ级，防水层合理使用年限 25 年，防水层选用材料宜选用合成高分子防水卷材、高聚物改性沥青防水卷材、金属板材、合成高分子防水涂料、细石混凝土等材料，设防要求三道或三道以上防水设防。

10. [初级] 屋面防水层上放置设施时，设施下部的防水层应增设附加增强层，还应在附加层上浇筑厚度大于（　　　）mm 的细石混凝土保护层，附加层应比细石混凝土四周宽出 100mm。

A. 20 B. 50
C. 40 D. 100

【答案】B

【解析】《屋面工程技术规范》GB 50345－2004 第 5.3.3 条规定：在防水层上放置设施时，设施下部的防水层应做附加增强层，必要时应在其上浇筑细石混凝土，其厚度应大于 50mm。

11. [初级] 卷材防水屋面基层与突出屋面结构的交接处，

以及基层的转角处，均应做成（　　）

A. 直角　　　　　　　　B. 锐角

C. 钝角　　　　　　　　D. 圆弧

【答案】D

【解析】卷材防水屋面基层与突出屋面结构（女儿墙、立墙、天窗壁、变形缝、烟囱等）的交界处，以及基层的转角处（水落口、檐口、檐沟、天沟、屋脊等），均应做成圆弧，圆弧半径不得小于规范要求。

12. ［初级］防水卷材屋面，上下层卷材（　　）相互垂直铺贴。

A. 宜　　　　　　　　　B. 不宜

C. 应　　　　　　　　　D. 不得

【答案】D

【解析】防水卷材屋面，上下层卷材不得相互垂直铺贴。

13. ［初级］在屋面防水工程中，高聚物改性沥青防水卷材采用空铺法施工时，短边搭接宽度应为（　　）mm。

A. 150　　　　　　　　　B. 70

C. 100　　　　　　　　　D. 80

【答案】C

【解析】在屋面防水工程中，高聚物改性沥青防水卷材采用空铺法施工时，短边搭接宽度应为100mm。

14. ［初级］卷材防水屋面施工，自粘聚合物改性沥青防水卷材采用满粘法时，短边搭接宽度应为（　　）mm。

A. 60　　　　　　　　　B. 70

C. 80　　　　　　　　　D. 100

【答案】A

【解析】卷材防水屋面施工，自粘聚合物改性沥青防水卷材采用满粘法时，短边搭接宽度应为60mm。

15. ［初级］卷材防水屋面施工，合成高分子防水卷材采用空铺法铺贴，使用胶粘带封闭搭接边，其长边搭接宽度应为

（   ）mm。

 A. 50   B. 60

 C. 70   D. 80

【答案】B

【解析】卷材防水屋面施工，合成高分子防水卷材采用空铺法铺贴，使用胶粘带封闭搭接边，其长边搭接宽度应为60mm。

16.［初级］在铺贴卷材时，（   ）污染檐口的外侧和墙面。

 A. 不得   B. 不宜

 C. 不便   D. 不可

【答案】A

【解析】在铺贴卷材时，不得污染檐口的外侧和墙面。

17.［初级］沥青防水卷材外观质量要求每卷卷材的接头不超过1处，较短的一段不应小于2500mm，接头处应加长（   ）mm。

 A. 80   B. 100

 C. 150   D. 200

【答案】C

【解析】沥青防水卷材外观质量要求每卷卷材的接头不超过1处，较短的一段不应小于2500mm，接头处应加长150mm。

18.［初级］合成高分子防水卷材外观的质量要求：当出现凹痕时，每卷不超过6处，深度不超过本身厚度的30%；树脂类深度不超过（   ）%。

 A. 2   B. 3

 C. 4   D. 5

【答案】D

【解析】合成高分子防水卷材外观的质量要求：当出现凹痕时，每卷不超过6处，深度不超过本身厚度的30%；树脂类深度不超过5%。

19.［初级］沥青防水卷材宜直立堆放，其高度不宜超过两层，并不得倾斜或横压，短途运输平放不宜超过（   ）层。

A. 3   B. 4

C. 5   D. 6

【答案】B

【解析】沥青防水卷材宜直立堆放，其高度不宜超过两层，并不得倾斜或横压，短途运输平放不宜超过 4 层。

20. ［初级］墙身防潮层的位置应在(　　)。

A. 室内地坪上一皮砖处   B. 室外地坪下一皮砖处

C. 室内地坪下一皮砖处   D. 室外地坪上一皮砖处

【答案】C

【解析】墙身防潮层的位置应在室内地坪下一皮砖处。

21. ［初级］在做变形缝防水处理时，应先(　　)而后作防水层。

A. 刷冷底子油   B. 干铺一层卷材

C. 花铺一层卷材条   D. 刷一道防水涂料

【答案】C

【解析】在做变形缝防水处理时，应先花铺一层卷材条而后作防水层。

22. ［初级］柏油即为(　　)。

A. 天然沥青   B. 石油沥青

C. 焦油沥青   D. 地沥青

【答案】C

【解析】焦油沥青（即"柏油"）是将煤、页岩、泥炭、木材、石油产品等在高温下隔绝空气蒸馏（简称"干馏"或"分解蒸馏"），有一部分有机物先分解成较简单分子，然后在气相状态下重新组合，冷凝后的液体即为焦油，其主要成分芳香烃；将其加热蒸除一部分轻质油分后，即为焦油沥青；道路工程常用的焦油沥青由煤干馏加工而成，又称煤沥青。

23. ［初级］为了增强沥青胶结材料的抗老化性能，可掺入一定的粉状物，如滑石粉，掺入量为(　　)。

A. 20%～30%   B. 15%～20%

C. 10％～25％　　　　　　　　D. 10％～20％

【答案】C

【解析】为了增强沥青胶结材料的抗老化性能，可掺入一定的粉状物，如滑石粉，掺入量为10％～25％。

24. ［初级］划分沥青牌号的主要性能依据是(　　)。

A. 黏结性　　　　　　　　　　B. 稠度

C. 塑性　　　　　　　　　　　D. 耐热性

【答案】B

【解析】划分沥青牌号的主要性能依据是稠度。

25. ［中级］两层卷材铺设时，应使上下两层的长边搭接缝错开(　　)幅宽。

A. 1/2　　　　　　　　　　　　B. 1/3

C. 1/4　　　　　　　　　　　　D. 2/3

【答案】A

【解析】两层卷材铺设时，应使上下两层的长边搭接缝错开1/2幅宽。

26. ［中级］屋面坡度(　　)时，卷材宜平行屋脊铺贴。

A. ＜3％　　　　　　　　　　　B. 3％～5％

C. 5％～15％　　　　　　　　　D. 3％～15％

【答案】A

【解析】屋面坡度＜3％时，卷材宜平行屋脊铺贴。

27. ［初级］防水层采取满粘法施工时，找平层的分隔缝处宜空铺，空铺的宽度宜为(　　)mm。

A. 50　　　　　　　　　　　　B. 80

C. 100　　　　　　　　　　　　D. 120

【答案】C

【解析】空铺法铺贴防水卷材时，卷材与基层在周边一定宽度内黏结，其余部分不黏结的施工方法。防水层采用满粘法施工时，找平层分隔缝处适宜空铺，并宜减少短边搭接。防水层采用满粘法施工时，找平层的分隔缝处宜空铺，空铺的宽度宜为 100mm。

28. ［初级］屋面坡度大于（　　）只能垂直于屋脊方向铺贴卷材。

A. 1% 　　　　　　　　　B. 3%

C. 10% 　　　　　　　　　D. 15%

【答案】D

【解析】当坡度大于 15% 的陡坡屋面时，考虑到坡度较陡，卷材防水层容易流淌，且平行于屋脊方向铺贴防水卷材操作困难，所以采用垂直于屋脊方向铺贴卷材就更有利一些。

29. ［中级］下列防水卷材中，温度稳定性最差的是（　　）。

A. 沥青防水卷材　　　　　B. 聚氯乙烯防水卷材

C. 高聚物防水卷材　　　　D. 高分子防水卷材

【答案】A

【解析】防水卷材主要包括沥青防水卷材、高聚物改性沥青防水卷材和高聚物防水卷材三大系列。其中沥青防水卷材温度稳定性较差。

30. ［中级］（　　）是生产沥青基防水材料、高聚物改性沥青防水材料的重要材料。

A. 沥青　　　　　　　　　B. SBS

C. 煤沥青　　　　　　　　D. 木沥青

【答案】A

【解析】沥青是生产沥青基防水材料、高聚物改性沥青防水材料的重要材料。

31. ［中级］天沟内必须找好坡度，坡度一般在（　　）以便使雨水能顺畅地流至水落口。

A. 0.5%～2% 　　　　　　B. 1%～0.5%

C. 1%～2% 　　　　　　　D. 2%～3%

【答案】A

【解析】天沟内必须找好坡度，坡度一般在 0.5%～2% 以便使雨水能顺畅地流至水落口。

32. ［中级］找平层必须坚实、平整，用 2m 靠尺检查，凹凸不得超过（   ）。

A. 10mm   B. 5mm

C. 3mm   D. 2mm

【答案】B

【解析】找平层必须坚实、平整，用 2m 靠尺检查，凹凸不得超过 5mm。

33. ［中级］在坡度超过（   ）的工业厂房拱形屋面和天窗下的坡面上，应避免短边搭接，以免卷材下滑。

A. 20％   B. 15％

C. 10％   D. 5％

【答案】B

【解析】在坡度超过 15％的工业厂房拱形屋面和天窗下的坡面上，应避免短边搭接，以免卷材下滑。

34. ［中级］防水工程质量评定等级分为（   ）。

A. 优良、合格   B. 合格、不合格

C. 优良、合格、不合格   D. 优良、不合格

【答案】B

【解析】防水工程质量评定等级分为合格、不合格。

35. ［中级］平屋面排水如设计无规定，可在保温层上找（   ）的坡度。

A. 1％   B. 3％

C. 3％～5％   D. 2％～3％

【答案】D

【解析】平屋面宜由结构找坡，其坡度宜为 3％；当采用材料找坡时，宜为 2％。如设计无规定，可在保温层上找 2％～3％的坡度。

36. ［中级］屋面的变形缝处，不论采用刚性或柔性防水，其泛水高度必须大于 （   ）。

A. 20cm   B. 15cm

C. 30cm   D. 25cm

【答案】A

【解析】屋面变形缝处泛水高度不小于 200mm。

37. ［中级］（   ）卷材质地柔软，在阴阳角部位施工时边角不易翘曲，易于粘贴牢固。

A. 玻璃布胎   B. 玻璃纤维

C. 纸胎   D. 油纸

【答案】B

【解析】玻璃纤维卷材质地柔软，在阴阳角部位施工时边角不易翘曲，易于粘贴牢固。

38. ［中级］防水施工后若遇（   ）可免作蓄淋水试验。

A. 一场小雨   B. 两场小雨

C. 两场大雨   D. 一场大雨

【答案】D

【解析】坡屋面（斜屋面）采用 2h 淋水试验，或有监理（建设）签认的经一场 2h 以上的大雨记录。

39. ［中级］热沥青玛脂的加热温度不应高于（   ）。

A. 150℃   B. 240℃

C. 280℃   D. 320℃

【答案】B

【解析】热沥青玛脂的加热温度不应高于 240℃，使用温度不应低于 190℃。

40. ［中级］屋面卷材防水工程按铺贴面积每 100m² 抽查 1 处，每处（   ）但不小于 3 处。

A. 2m²   B. 4m²

C. 8m²   D. 10m²

【答案】D

【解析】卷材防水层的施工质量检测数量，按铺贴面积每 100m² 抽查一处，每处 10m²，且不小于 3 处。

41. ［中级］对高聚物改性沥青防水卷材来说，圆弧半径应大于（　　　）。

A. 10mm   B. 50mm

C. 20mm   D. 25mm

【答案】B

【解析】对高聚物改性沥青防水卷材来说，圆弧半径应大于50mm。

42.［中级］地下防水临时性保护墙应用（　　　）砌筑。

A. 水泥砂浆   B. 混合砂浆

C. 白灰砂浆   D. 泥

【答案】C

【解析】保护墙砌筑时先用水泥砂浆砌好永久性保护墙，然后在做完防水后用白灰砂浆砌筑临时性保护墙。

43.［中级］地下防水最后一层卷材铺好后，应在表面均匀涂刷一层厚（　　　）的沥青胶。

A. 1～2mm   B. 2～3mm

C. 1～1.5mm   D. 2mm

【答案】C

【解析】地下防水粘贴完最后一层卷材后，表面应再涂一层厚为1mm～1.5mm的热沥青胶结材料。

44.［中级］地下防水卷材的接缝应距阴阳角处（　　　）以上。

A. 10cm   B. 15cm

C. 20cm   D. 25cm

【答案】C

【解析】地下防水卷材的接缝应距阴阳角处20cm以上。

45.［中级］地下防水施工时，地下水位应降至防水工程底部最低标高以下（　　　）。

A. 60cm   B. 50cm

C. 20cm   D. 25cm

【答案】B

【解析】地下防水施工时，地下水位应降至防水工程底部最低标高以下 50cm。

46.［中级］地下防水永久性保护墙的高度要比底板混凝土高出（　　　）。

A. 100cm B. 60cm

C. 50cm D. 30～50cm

【答案】C

【解析】地下防水永久性保护墙的高度要比底板混凝土高出 50cm。

47.［中级］装卸溶剂（如苯、汽油等）的容器，必须配软垫，不准猛推猛撞。使用容器后，其容器盖必须及时（　　　）。

A. 盖严 B. 敞开

C. 拿掉 D. 无所谓

【答案】A

【解析】装卸溶剂（如苯、汽油等）的容器，必须配软垫，不准猛推猛撞。使用容器后，其容器盖必须及时盖严。

48.［中级］水落口增强做法中，根据"防排结合"的原则，还应增大水落口周围直径（　　　）mm 范围内的排水坡度，规定不应小于 5%。

A. 300 B. 500

C. 600 D. 800

【答案】B

【解析】水落口增强做法中，根据"防排结合"的原则，还应增大水落口周围直径 500mm 范围内的排水坡度，规定不应小于 5%。

49.［高级］防水卷材施工工艺中，无组织排水檐口（　　　）mm 范围内卷材应采取满粘法，卷材收头应固定密封。

A. 600 B. 800

C. 1000 D. 1200

【答案】B

【解析】防水卷材施工工艺中，无组织排水檐口 800mm 范围内卷材应采取满粘法,卷材收头应固定密封。

50.［高级］熬油时沥青锅着火,应用锅盖或铁板覆盖。地面着火,应用灭火器、干砂等扑灭,严禁用( )。

A. 灭火器　　　　　　　　B. 浇水

C. 干砂　　　　　　　　　D. 锅盖

【答案】B

【解析】熬油时沥青锅着火,应用锅盖或铁板覆盖。地面着火,应用灭火器、干砂等扑灭,严禁用浇水。

51.［高级］运输或贮存卷材,必须立放,其高度不得超过( )。

A.2 层　　　　　　　　　B.3 层

C.4. 层　　　　　　　　　D.5 层

【答案】A

【解析】运输或贮存卷材,必须立放,其高度不得超过 2 层。

52.［高级］快挥发性冷底子油的干燥时间为( )。

A.8～12h　　　　　　　　B.10～15h

C.15～20h　　　　　　　D.5～10h

【答案】D

【解析】快挥发性冷底子油的干燥时间为 5～10h。

53.［高级］( )卷材既可进行冷贴,也可用汽油喷灯进行热熔施工。

A. 油纸　　　　　　　　　B. 玻璃布

C. 玻璃纤维　　　　　　　D. SBS 改性沥青

【答案】C

【解析】玻璃纤维卷材既可进行冷贴,也可用汽油喷灯进行热熔施工。

54.［高级］进场的防水涂料和胎体增强材料的( )性能检验,全部指标达到标准规定时,即为合格。其中若有一项指标达不到要求,允许在受检产品中加倍取样进行该项复检,复检结果如仍不合格,则判定该产品为不合格。

A. 材料   B. 技术

C. 物理   D. 化学

【答案】D

【解析】进场的防水涂料和胎体增强材料的化学性能检验，全部指标达到标准规定时，即为合格。其中若有一项指标达不到要求，允许在受检产品中加倍取样进行该项复检，复检结果如仍不合格，则判定该产品为不合格。

55. [高级] 溶剂型涂料贮运和保管的环境温度不宜低于（   ）℃，并不得日晒、碰撞和渗漏；保管环境应干燥、通风，并远离火源。

A. 0   B. −1

C. −2   D. −3

【答案】B

【解析】溶剂型涂料贮运和保管的环境温度不宜低于−1℃，并不得日晒、碰撞和渗漏；保管环境应干燥、通风，并远离火源。

56. [高级] 无组织排水檐口（   ）mm 范围内的卷材应采用满粘法，卷材收头应固定密封。

A. 800   B. 600

C. 400   D. 200

【答案】A

【解析】无组织排水檐口 800mm 范围内的卷材应采用满粘法，卷材收头应固定密封。

57. [高级] 哈尔滨某建筑屋面防水卷材选型，最宜选用的高聚物改性沥青防水卷材是（   ）。

A. 沥青复合胎柔性防水卷材

B. 自粘橡胶改性沥青防水卷材

C. 塑性体（APP）改性沥青防水卷材

D. 弹性体（SBS）改性沥青防水卷材

【答案】D

【解析】高聚物改性沥青防水卷材主要有弹性体（SBS）改性沥青防水卷材、塑性体（APP）改性沥青防水卷材、沥青复合胎柔性防水卷材、自粘橡胶改性沥青防水卷材、改性沥青聚乙烯胎防水卷材以及道桥用改性沥青防水卷材等。其中，SBS卷材适用于工业与民用建筑的屋面及地下防水工程，尤其适用于较低气温环境的建筑防水。APP卷材适用于工业与民用建筑的屋面及地下防水工程，以及道路、桥梁等工程的防水，尤其适用于较高气温环境的建筑防水。

58. ［高级］氯化聚乙烯－橡胶共混防水卷材具有良好的耐高低温性能，可在（　　）范围内正常使用。

A. 5～80℃　　　　　　　　B. 10～80℃

C. 20～80℃　　　　　　　 D. 40～80℃

【答案】D

【解析】氯化聚乙烯－橡胶共混防水卷材具有良好的耐高低温性能，可在40～80℃范围内正常使用。

（三）多选题

1. ［初级］屋面涂膜防水在大面涂布涂料前，先要按设计要求做好特殊部位附加增强层，即在细部节点加铺附加层，细部节点有：（　　）

A. 地漏　　　　　　　　　　B. 变形缝

C. 穿墙管　　　　　　　　　D. 后浇带

【答案】ABCD

【解析】ABCD都是正确选项。

2. ［初级］有防水要求的楼面工程，在铺设找平层前，应对（　　）与楼板节点之间进行密封处理。

A. 立管　　　　　　　　　　B. 套管

C. 雨落口　　　　　　　　　D. 地漏

【答案】ABD

【解析】有防水要求的楼面工程，在铺设找平层前，应对立管、套管和地漏与楼板节点之间进行密封处理。

3. ［初级］沥青基防水涂料按其类型可分为：（ ）

A. 薄质型　　　　　　　　B. 厚质型

C. 溶剂型　　　　　　　　D. 水乳型

【答案】CD

【解析】沥青基防水涂料按其类型可分为溶剂型和水乳型。

4. ［初级］防水涂料和防水卷材相比其优点是：（ ）

A. 适合与形状复杂、节点繁多的作业面

B. 整体性好，可形成无接缝的连续防水层

C. 可冷热施工，操作方便

D. 易于对渗漏点作出判断与维修

【答案】ABD

【解析】防水涂料和防水卷材相比其优点是：适合与形状复杂、节点繁多的作业面；整体性好，可形成无接缝的连续防水层；易于对渗漏点作出判断与维修

5. ［初级］地下工程渗漏水，先排水，后治理漏水，原则是：（ ）

A. 分项治理　　　　　　　B. 因地制宜

C. 刚柔相济　　　　　　　D. 堵排结合

【答案】BCD

【解析】地下工程渗漏水，先排水，后治理漏水，原则是：因地制宜、刚柔相济、堵排结合。

6. ［初级］有机防水涂料包括（ ），主要用于结构主体的迎水面防水。

A. 反映型　　　　　　　　B. 水乳型

C. 溶剂型　　　　　　　　D. 聚合物水泥

【答案】ABD

【解析】有机防水涂料包括：反映型、水乳型、聚合物水泥，主要用于结构主体的迎水面防水。

7. ［初级］建筑地面包括建筑物底层地面和楼层地面，并包含：（ ）

A. 明沟　　　　　　　　B. 踏步

C. 坡道　　　　　　　　D. 室外散水

【答案】ABCD

【解析】ABCD 都是正确选项。

8. ［初级］涂膜防水用于涂刷基层处理剂的常用施工机具是：（　　　）

A. 圆辊刷　　　　　　　B. 滚动刷

C. 棕毛刷　　　　　　　D. 钢丝刷

【答案】AC

【解析】涂膜防水用于涂刷基层处理剂的常用施工机具是圆辊刷、棕毛刷。

9. ［初级］聚合物水泥防水涂料特点有：（　　　）

A. 涂层坚韧高强　　　　B. 耐水性、耐久性好

C. 施工简便、工期短　　D. 可用于饮水工程

【答案】ABCD

【解析】ABCD 都是正确选项。

10. ［中级］三元乙丙橡胶防水卷材的厚度规格有：（　　　）

A. 1.5mm　　　　　　　B. 1.8mm

C. 2.0mm　　　　　　　D. 2.5mm

【答案】ABC

【解析】三元乙丙橡胶防水卷材的厚度规格有 1.5mm、1.8mm、2.0mm。

11. ［中级］卫生间防水材料进场复检，以下属于复检项目的是：（　　　）

A. 固体含量　　　　　　B. 耐碱性

C. 抗拉强度　　　　　　D. 低温柔性

【答案】ACD

【解析】卫生间防水材料进场复检，以下属于复检项目的是固体含量、抗拉强度、低温柔性。

12. ［中级］屋面细部构造包括：（　　　）

A. 变形缝　　　　　　　B. 伸出屋面管道
C. 设施基座　　　　　　D. 檐口

【答案】ABCD

【解析】ABCD 都是正确选项。

13. [中级] 防水混凝土冬季施工宜采用的养护方法是：
（　　）

A. 蓄热法　　　　　　　B. 暖棚法
C. 掺化学外加剂法　　　D. 电热法

【答案】ABC

【解析】防水混凝土冬季施工宜采用的养护方法是蓄热法、暖棚法、掺化学外加剂法。

14. [中级] 合成高分子卷材的铺贴方法可用（　　）。

A. 热溶法　　　　　　　B. 冷粘法
C. 自粘法　　　　　　　D. 热风焊接法
E. 冷嵌法

【答案】BCD

【解析】合成高分子卷材的铺贴方法可用冷粘法、自粘法、热风焊接法。

15. [中级] 屋面防水等级为二级的建筑物是（　　）

A. 高层建筑
B. 一般工业与民用建筑
C. 特别重要的民用建筑
D. 重要的工业与民用建筑
E. 对防水有特殊要求的工业建筑

【答案】AD

【解析】屋面防水等级为二级的建筑物是高层建筑、重要的工业与民用建筑。

16. [中级] 用于外墙的涂料应具有的能力有（　　）。

A. 耐水　　　　　　　　B. 耐洗刷
C. 耐碱　　　　　　　　D. 耐老化

E. 黏结力强

【答案】ACDE

【解析】用于外墙的涂料应具有的能力有耐水、耐碱、耐老化、黏结力强。

17. [中级] 刚性防水屋面施工下列做法正确的有( )

A. 宜采用构造找坡

B. 防水层的钢筋网片应放在混凝土的下部

C. 养护时间不应少于 14d

D. 混凝土收水后应进行二次压光

E. 防水层厚度不应小于 10mm

【答案】CD

【解析】A. 宜采用结构找坡，故错误；B. 防水层的钢筋网片应放在混凝土的上部部；防水层厚度应不小于 30mm。

18. [中级] 有关屋面防水要求说法正确的有( )

A. 一般的建筑防水层合理使用年限为 5 年

B. 二级屋面防水需两道防水设防

C. 二级屋面防水合理使用年限为 15 年

D. 三级屋面防水需两道防水设防

E. 一级屋面防水合理使用年限为 25 年

【答案】BCE

【解析】一般的建筑防水层合理使用年限为 10 年，A 错误；三级屋面防水需一道防水设防，D 错误。

19. [高级] 按规范规定，涂膜防水屋面主要使用与防水等级为( )。

A. 一级   B. 二级

C. 三级   D. 四级

E. 五级

【答案】CD

【解析】涂膜防水屋面广泛用于防水等级为 Ⅲ、Ⅳ 级的屋面防水。

20. ［高级］水性涂料可分为（   ）几种。

A. 薄涂料   B. 厚涂料

C. 丙烯酸涂料   D. 复层涂料

E. 丙一苯乳胶漆

【答案】CDE

【解析】水性涂料可分为丙烯酸涂料、复层涂料、丙一苯乳胶漆。

21. ［高级］刚性防水屋面的分割缝应设在（   ）。

A. 屋面板支撑端

B. 屋面转折处

C. 防水层与突出屋面交接处

D. 屋面板中部

E. 任意位置

【答案】ABC

【解析】刚性防水屋面的分割缝应设在屋面板支撑端、屋面转折处、防水层与突出屋面交接处。

22. ［高级］为提高防水混凝土的密实和抗渗性，常用的外加剂有（   ）。

A. 防冻剂   B. 减水剂

C. 引气剂   D. 膨胀剂

E. 防水剂

【答案】BCDE

【解析】为提高防水混凝土的密实和抗渗性，常用的外加剂有减水剂、引气剂、膨胀剂、防水剂。

23. ［高级］下面属于一级屋面防水设施要求的是（   ）。

A. 三道或三道以上防水设防

B. 二道防水设防

C. 两种防水材料混合使用

D. 一道防水设防

E. 有一道合成高分子卷材

【答案】AE

【解析】一级防水适应于重点工程三道防水层设防使用期限15年，或者有一道合成高分子卷材。

24. [高级] 在配置普通防水混凝土时，提高混凝土的密实性和抗渗性的途径是（　　）

A. 控制水灰比　　　　　　B. 提高坍落度

C. 增加水泥用量　　　　　D. 提高砂率

E. 增大水灰比

【答案】ACD

【解析】在配置普通防水混凝土时，可以通过控制水灰比、增加水泥用量、提高砂率的途径提高混凝土的密实性和抗渗性。

（四）案例题

1.【背景】某建筑公司承接了一座商厦的施工任务，该工程地上 10 层，地下 2 层。地下采用防水混凝土自防水；屋面为保温隔热屋面，屋面保温材料采用膨胀珍珠岩保温，防水材料采用合成高分子防水卷材。地下防水混凝土结构厚度为 300mm，钢筋保护层厚度为 35mm。

（1）判断题

1）[初级] 膨胀珍珠岩观其形态属于多孔状隔热材料。（√）

2）[中级] 屋面卷材防水施工，平屋面的沟底水落差不得超过 300mm。（×）

（2）单选题

1）[初级] 当铺贴连续多跨的层面卷材时，应按（D）的次序。

A. 先低跨后高跨、先近后远

B. 先高跨后低跨、先近后远

C. 先低跨后高跨、先远后近

D. 先高跨后低跨、先远后近

2）[中级] 合成高分子防水卷材用胶粘带粘法铺贴，其卷材搭接宽度是（A）。

A. 50mm B. 40mm

C. 30mm D. 20mm

（3）多选题

1）［高级］合成高分子防水卷材施工可采用的方法是（ABC）。

A. 冷粘法 B. 自粘法

C. 热粘法 D. 焊接法

2.【背景】某市一公共建筑工程，建筑面积 19168m²，框架结构，地上 6 层，地下 1 层。由市第三家建筑公司施正总承包，2002 年 5 月 8 日开工，2003 年 6 月 30 日竣工。施工中发生如下事件：

事件一：地下室外壁防水混凝土施工缝有多处出现渗漏水；

事件二：屋面卷材防水层多处起鼓

（1）判断题

1）［初级］防水混凝土原则上少留或不留施工缝。（√）

2）［初级］墙体有预留孔洞时，施工缝距孔洞边缘不宜大于300mm。（×）

（2）单选题

1）［中级］本工程屋面卷材起鼓的质量问题，正确的处理方法有（C）。

A. 防水层全部铲除清理后，重新铺设

B. 在现有防水层上铺一层新卷材

C. 直径在 100mm 以下的鼓泡可用抽气灌胶法处理

D. 分片铺贴，处理顺序按屋面流水方向先上再左然后下

2）［高级］屋面排汽的作用不正确的有（D）。

A. 保证保温层内部干燥 B. 防止卷材起鼓

C. 防止卷材拉裂 D. 利于屋面排水

（3）多选题

1）［高级］地下工程防水混凝土应连续浇筑，宜少留施工缝，当需要留设施工缝时其留置位置正确的有（B、C）。

A. 墙体水平施工工缝应留在底板与侧墙的交接处

B. 顶板、底板不宜留施工缝

C. 垂直施工缝宜于变形缝相结合

D. 板墙结合的水平施工缝可留在板墙接缝处

3.【背景】某建筑公司承接了该市一娱乐城工程，该工程地处闹市区，紧邻城市主要干道，施工场地狭窄。该工程建筑面积 47800m², 主体地上 22 层，地下 3 层，基础开挖深度 11.5m, 位于地下水位以下。地下防水混凝土等级为 C40，P8。

（1）判断题

1）［初级］建筑施工质量检查中"三检制"是各道工序的自检、交接检和专职人员检查。（√）

2）［中级］地下室防水混凝土基层其表面必须平整，如不光滑可用 1：3 水泥砂浆刮涂。（×）

（2）单选题

1）［初级］砂浆防水层完工后，养护期不少于（C）d。

A. 7   B. 10

C. 14   D. 28

2）［中级］地下防水施工时，地下水位应降至防水工程底部最低标高以下（B）。

A. 60cm   B. 50cm

C. 20cm   D. 25cm

（3）多选题

1）［高级］防水混凝土的配合比应符合下列规定：（ABC）

A. 试配要求的抗渗水压值应比设计值提高 0.2MPa。

B. 水泥用量不得少于 300kg/m³；掺有活性掺合料时，水泥用量得少于 280kg/m³。

C. 砂率宜为 35%～45%，灰砂比宜为 1：2～2.5。

D. 水灰比不得大于 0.6。

4.【背景】某石油沥青油膏配合比为 10 号沥青：30 号沥青：滑石粉为 13：2：5，现需 100kg 此配合比的石油沥青油膏。

（1）判断题

1）〔初级〕石油沥青的黏性是沥青材料软硬、稀稠程度的反映。（√）

2）〔初级〕将石油沥青加热燃烧，沥青有松香味。（√）

（2）单选题

1）〔中级〕需要 10 号沥青（C）千克。

A. 55kg   B. 60kg

C. 65kg   D. 70kg

2）〔中级〕需要 30 号沥青（B）千克。

A. 5kg   B. 10kg

C. 15kg   D. 20kg

（3）多选题

1）〔高级〕按使用的结合料不同，沥青混合料可分为（ABCE）。

A. 石油沥青混合料   B. 煤沥青混合料

C. 改性沥青混合料   D. 热拌沥青混合料

E. 乳化沥青混合料

5.【背景】事件一：已知某防水施工面积为 600m²，班组出勤人数 10 人，采取两班制，定额为 0.444 工日/m²。

事件二：防水砂浆抹灰，防水砂浆配合比为 1∶2.5（重量比），再掺水泥重量 3% 的防水粉，经计算防水砂浆总重量为 2550kg。

（1）判断题

1）〔初级〕计划需要 266.4 工日。（√）

2）〔中级〕完成该项目需要 13 天。（×）

（2）单选题

1）〔高级〕需要砂子重量为（B）kg。

A. 1218.4   B. 1812.4

C. 1128.4   D. 1281.4

2）〔高级〕需要防水粉重量为（C）kg。

A. 22.9   B. 20.9

C. 21.9   D. 23.9

（3）多选题

1）〔中级〕防水砂浆适用于（ABD）的工程。

A. 结构刚度大   B. 建筑物变形小

C. 处于侵蚀性介质   D. 抗渗要求不高

6.【背景】某建筑物屋面防水采用 SBS 改性柔性油毡，屋面尺寸长 100m，宽 20m，四周为女儿墙，采用Ⅰ型＋Ⅱ型的铺贴方式。

柔性油毡型号	厚度	宽度	重量 kg/卷	长度 m/卷
Ⅰ	1	1	20	20
Ⅱ	2	1	25	10
Ⅲ	3	1	35	10

（1）判断题

1）〔初级〕屋面总面积为 2000m² 。（√）

2）〔中级〕防水层需要检查不少于 20 次。（√）

（2）单选题

1）〔高级〕需铺设总面积为（D）m² 。

A. 1000   B. 1024

C. 2000   D. 2048

2）〔中级〕需要Ⅰ型油毡（C）卷。

A. 101   B. 102

C. 103   D. 104

（3）多选题

1）〔中级〕SBS 改性沥青柔性油毡这种防水卷材具有（ABD）的优点。

A. 较高的低温柔性   B. 较高的低温弹性

C. 耐腐蚀性   D. 耐疲劳性

参 考 文 献

[1] 中华人民共和国国家标准，屋面工程质量验收规范 GB 50207-2012 [S]. 北京：中国建筑工业出版社，2012.

[2] 中华人民共和国国家标准，屋面工程技术规范 GB 50345-2012[S]北京：中国建筑工业出版社，2012.

[3] 中华人民共和国国家标准，地下防水工程质量验收规范 GB 50208-2011[S]. 北京：中国建筑工业出版社，2011.

[4] 中华人民共和国国家标准，地下工程防水技术规范 GB 50108-2008 [S]. 北京：中国建筑工业出版社，2008.

[5] 中华人民共和国国家标准，防水沥青与防水卷术语 GB/T 18378-2008[S]. 北京：中国标准出版社，2008.

[6] 人力资源和社会保障部教材办公室组织编写. 防水工(中级)[M]. 北京：中国劳动社会保障出版社，2015.